AF589013

LES
EAUX-DE-VIE DE COGNAC

PAR

LE Mis DE DAMPIERRE.

PARIS
CHARLES DOUNIOL, LIBRAIRE,
Éditeur du Correspondant,
rue de Tournon, 29
1858.

LES EAUX-DE-VIE DE COGNAC.

PARIS. — IMPRIMERIE DE W. REMQUET ET Cie,
rue Garancière, 5, derrière Saint-Sulpice.

LES

EAUX-DE-VIE DE COGNAC

PAR

LE Mis DE DAMPIERRE.

PARIS
CHARLES DOUNIOL, LIBRAIRE,
Éditeur du Correspondant,
rue de Tournon, 29.
1858.

La fraude qui dénature et déshonore les eaux-de-vie de Cognac, et tend à anéantir leur réputation, a pris de telles proportions qu'elle est devenue une question de vie ou de mort pour la prospérité de ce commerce et pour une industrie qui constitue la richesse des deux départements de la Charente et de la Charente-Inférieure.

Dans de telles circonstances, tout homme dévoué à son pays doit chercher à conjurer le mal et déclarer la guerre à cette plaie honteuse de notre époque. Je l'ai fait dans la mesure de mes forces; mais il me semble que j'ai encore un nouveau devoir à remplir, celui de réunir et de publier les pièces du procès que je n'ai pas hésité à porter devant l'opinion publique. Les résultats de mes efforts ont été bien incomplets, assurément; mais j'ai éclairé le terrain de la lutte et ému en notre faveur tous les honnêtes gens, c'est quelque chose. Si d'autres peuvent y trouver un encouragement à entrer résolûment dans nos vues, je serai amplement dédommagé des ennuis et des déboires que rencontre toujours celui qui dénonce des abus.

On remarquera des répétitions dans les documents ci-après : il m'a paru important de ne pas les tronquer, néanmoins, et de les donner en entier. Leur ordre chronologique expliquera de lui-même comment j'ai dû reproduire et comment d'autres ont reproduit les mêmes faits et les mêmes arguments. — Ceci, d'ailleurs, n'a qu'un inconvénient littéraire dont je fais bon marché dans une question tout économique et commerciale. — L'essentiel était de ne laisser dans l'ombre aucune partie de ce débat.

RAPPORT

PRÉSENTÉ A LA

SOCIÉTÉ IMPÉRIALE ET CENTRALE D'AGRICULTURE

Par le Marquis de DAMPIERRE,

Membre correspondant.

MONSIEUR LE PRÉSIDENT,

La Société centrale d'agriculture m'a fait l'honneur de me nommer un de ses membres correspondants pour le département de la Charente-Inférieure; dernièrement encore elle exprimait, par l'organe de son secrétaire perpétuel, le désir d'être tenue au courant des questions qui intéressent spécialement les pays auxquels appartiennent ses correspondants; je crois donc de mon devoir d'appeler son attention sur une discussion qui se rattache à la prospérité d'une de nos productions agricoles les plus importantes et à l'honneur du commerce des départements de la Charente et de la Charente-Inférieure.

Cette discussion, soulevée par une publication agricole et à laquelle j'ai été entraîné à prendre part, n'est, du reste, que le tardif écho de préoccupations et de luttes qui datent de plusieurs années et mettent la Saintonge tout entière dans une situation digne d'appeler l'attention des maîtres de la science qui siégent dans le sein de la Société centrale d'agriculture. Il appartient à la chimie de nous donner des moyens certains de constater et par là d'empêcher les falsifications diverses dont cette science elle-même, par d'ingénieuses et récentes découvertes, a multiplié le danger. Rien ne me paraît donc plus opportun que de réclamer dans le sein de la Société centrale d'agriculture une étude approfondie de tous les faits qui se rapportent à la production et au commerce des eaux-de-vie de Saintonge et d'Angoumois connues sous le nom d'eaux-de-vie de Cognac.

Elle viendra ainsi au secours du producteur et du commerce honnête contre les producteurs et le commerce malhonnêtes. L'intérêt bien entendu du pays, la moralité et la dignité sont d'un côté ; de l'autre, la cupidité, les bénéfices faciles et frauduleux et la perte de la réputation d'un produit renommé dans le monde entier.

Le danger est pressant, car la fraude cesse de se cacher ; elle prétend s'imposer comme chose licite et elle favorise ainsi cet amour du gain, inné dans l'homme, et qui lui cache souvent la limite de la probité et de l'improbité.

Pénétré de l'importance de la question dont j'ai l'honneur de saisir la Société centrale d'agriculture, je lui offre avec empressement tous les renseignements qu'elle pourra désirer; des échantillons des diverses qualités d'eau-de-vie dont je lui garantirai la provenance et la pureté; tous les moyens de vérifier, soit sur les lieux, soit à Paris même, la valeur des documents qu'elle aura recueillis.

En attendant, j'ai l'honneur de présenter à la Société centrale un exposé des faits et de la discussion déja entamée dans le journal en question.

Les deux départements de la Charente et de la Charente-Inférieure renferment plus de 200,000 hectares de vignes, dont le produit peut être évalué en chiffres ronds à 3,600,000 hectolitres et porté sans exagération à 75 millions de valeur. Les cinq sixièmes, environ, de ces vins sont convertis en eau-de-vie, c'est donc une valeur de 60 millions, qui s'augmentent ensuite des frais et du bénéfice du commerce, que les deux départements de la Charente et de la Charente-Inférieure sont appelés à fournir. Le prix de ces eaux-de-vie est incomparablement plus élevé que celui des autres eaux-de-vie du Midi, celles d'Armagnac, par exemple, et dénote une préférence marquée de la part du commerce étranger; car le commerce français n'est pour rien dans la fixation de ces prix, il ne se consomme presque pas d'eau-de-vie de Cognac en France et nos grands marchés sont : l'Angleterre et l'Amérique.

Le haut prix de nos eaux-de-vie de Cognac a encore une autre signification, c'est que la demande est presque toujours au-dessus du niveau de la production : dès lors, la vente en est facile, courante, toujours payée comptant.

La fraude devait s'introduire dans un commerce aussi prospère, et on a tenté avec succès d'augmenter les bénéfices en mélangeant ces eaux-de-vie si recherchées à des alcools d'un prix beaucoup moins élevé. Ces mélanges ont été possibles par plusieurs raisons : nos eaux-de-vie, en général, s'enlèvent aussitôt qu'elles sont fabriquées, et dans les premiers temps, si les mélanges sont faits avec prudence et habileté, il est fort difficile d'en reconnaître au goût la moindre trace. Ce n'est qu'au bout d'un certain temps que l'arome particulier à l'eau-de-vie de Saintonge et d'Angoumois ressort avec énergie dans l'eau-de-vie pure, et apporte même une notable différence, pour des palais exercés, entre les diverses qualités de ses crus. D'un autre côté, quand les dégustateurs ont essayé une certaine quantité d'eau-de-vie, ce qui a lieu au moment des grands achats, leur goût s'émousse et ne peut plus saisir les différences qui caractérisent les diverses qualités. — On comprend ainsi que les dégustateurs les plus habiles sont quelquefois mis en défaut par des mélanges bien faits, obligés qu'ils sont d'acheter des eaux-de-vie au sortir de l'alambic, avant que leur goût soit développé et que la concurrence ait tout enlevé.

La fraude dans les eaux-de-vie de Cognac parut d'abord un vol si manifeste qu'elle se cacha soigneusement, et ne s'exerça que sur une fort petite échelle ; insignifiante presque et n'apportant aucun trouble dans la masse générale des produits. Les *trois-six* du Languedoc et de Montpellier avaient, d'ailleurs, leur goût propre, qui pouvait faire reconnaître sa présence, et dénoncer les eaux-de-vie fraudées à la juste susceptibilité du commerce de Cognac et des producteurs honnêtes. — Mais, depuis quelque temps, les choses ont changé de face ; les alcools du Nord, de betteraves, de grain, surtout, ont été essayés par les fraudeurs; on les a trouvés plus inertes de goût, par cela plus susceptibles de se laisser dominer par l'arome de l'eau-de-vie pure de Cognac et on n'a pas tardé à en introduire en Saintonge et en Angoumois des quantités considérables. Le bas prix comparatif des alcools du Nord établissait, d'ailleurs, une grande augmentation de bénéfice sur tout autre coupage.

Dans le principe, les propriétaires se sont tous refusés à de pareilles manœuvres ; mais bientôt ils ont entendu des accusations, en partie fausses, en partie vraies, s'adresser au commerce ; accusations qui ne distinguaient pas entre le négociant expéditeur et l'acheteur intermédiaire, moins scrupuleux que lui ; ils ont pu souvent vérifier sous leurs yeux la justesse de ces accusations. En même temps, des spéculateurs, non propriétaires, achetaient des vins à des prix incompréhensibles, et, cependant, faisaient de magnifiques affaires. — Alors, cela est malheureusement vrai, un certain nombre de propriétaires, les moins honorables, les moins aisés, se sont dit qu'ils jouaient un rôle de dupes et qu'ils pouvaient bien bénéficier eux-mêmes de ces coupages que d'autres faisaient au sortir de leurs chaix ; ils n'ont pas manqué, en bons politiques, d'aggraver le mal réel, d'accuser le commerce en masse de la faute du petit nombre, et sans jamais avouer personnellement aucune de ces manœuvres coupables, car leurs produits eussent été aussitôt frappés d'interdit, ils s'y sont livrés clandestinement ; ils sont parvenus à les écouler, et leur rôle maintenant, c'est de se rire des gens honnêtes qui ne font pas d'aussi gros bénéfices qu'eux, et qui ne veulent pas se départir de la loyauté traditionnelle de leur fabrication. — Il faut le dire à la louange de nos contrées, c'est là le plus grand nombre, et celui des propriétaires fraudeurs fait tache, il n'oserait pas se montrer à découvert. — A défaut de cette audace on en a une autre : on tente de vouloir faire passer comme une industrie avouée, non coupable, comme un débouché naturel pour les alcools du Nord ; bien mieux, comme un progrès louable, ces mélanges qui menacent la réputation et l'avenir de nos eaux-de-vie de Cognac ; des hommes sincères, certainement, et dévoués aux progrès agricoles, se laissent séduire par les apparences, semblent traiter comme des intérêts de clocher nos honnêtes résistances et se donnent le beau rôle, en paraissant défendre des intérêts plus généraux et plus respectables.

Nous ne pouvions laisser passer sans protestation de semblables opinions ; voilà pourquoi j'ai adressé la lettre suivante au rédacteur en chef du journal qui les émettait, en réponse à une chronique agricole, signée de M. A. Sanson, chef de chimie à l'École impériale vétérinaire de Toulouse, qui, Saintongeais comme moi, voit les choses d'un tout autre œil et réclame *comme un progrès*, comme un débouché désormais assuré pour les alcools du Nord, leur mélange avec les eaux-de-vie de Cognac.

« Monsieur,

« Je viens de lire avec un vif intérêt la partie de votre chronique agricole du numéro de décembre qui concerne la Saintonge et l'Angoumois et la production de leurs eaux-de-vie. Son auteur est parfaitement au courant de la situation des propriétaires de ce pays, des conditions du commerce de Cognac, des ruses et des fraudes qui, latentes et exceptionnelles pendant un certain temps, tendent maintenant à se produire effrontément au grand jour ; et ses révélations à ce sujet sont faites, par leur exactitude, pour émouvoir justement tous les intéressés.

« Propriétaire en Saintonge, un des fondateurs d'une Société viticole de producteurs qui s'est établie, qui prospère à Cognac, et qui s'est interdit par ses statuts tout mélange d'alcools étrangers avec les eaux-de-vie des deux Charentes, je vous demande la permission de combattre des opinions, en fait de tolérance commerciale et de falsification des produits, qui affectent le patriotisme des producteurs d'eau-de vie de Cognac, et ne vont à rien moins, selon moi, qu'à détruire, en la détournant de la voie honnête, une industrie qui fait la richesse de nos contrées.

« M. Sanson dit dans sa chronique : « Intermédiaires obligés entre « la culture et le consommateur étranger, intermédiaires en grand, « bien entendu, car nous négligeons la multitude de petits et moyens « négociants connus dans le pays sous le nom de *carotteurs*, les mai- « sons, dont il s'agit, ont fait subir de tout temps aux produits qui leur « sont livrés des manipulations, des mélanges, des *coupages* (c'est le « mot usité) tels, qu'il leur fût toujours possible de livrer elles-mêmes « des marchandises identiques. Elles possèdent, à cet effet, des maga- « sins et des ateliers vraiment curieux à visiter et dans lesquels l'opé- « ration s'exécute suivant des règles déterminées.

« Or, c'est précisément cette identité dans la marchandise livrée par « chaque maison qui constitue sa *marque* propre, et qui établit son « rang dans la faveur sur les marchés de Londres et de New-York.

« Jusqu'à ces dernières années, la production vinicole des deux Cha- « rentes avait suffi largement à la demande, du moins en apparence, « sinon en réalité ; et même, si, dans les périodes de récolte médiocre « ou mauvaise, quelque élément étranger venait s'y introduire, ce « n'était jamais d'une façon avouée. L'adjonction, notamment, des « *trois-six* du Midi était considérée comme une fraude, et les frau- « deurs, signalés et reconnus, se voyaient pour toujours interdire l'en- « trée des comptoirs. Eussent-ils présenté des échantillons de qualité « superfine, leur réputation était perdue ; ils étaient reconnus fraudeurs: « c'était assez, on n'achetait pas d'eux. Le même échantillon était ac- « cepté facilement, il est vrai, dans d'autres mains non suspectes ; « mais il y avait là une sorte de morale commerciale invariable.

« Cependant, comme la consommation est toujours impérieuse de sa « nature, il y a lieu de croire que les maisons de commerce devaient « avoir à leur disposition les moyens de satisfaire, jusqu'à un certain « point, leur clientèle, bien que les ressources propres du cru fussent « insuffisantes.

« Quoi qu'il en soit, et quelque procédé qu'elles missent en pratique

« pour maintenir leur marque, le vigneron charentais, pris en général, « y demeurait étranger.

« Un fait toutefois était acquis, on ne sait trop comment, à quelques-« uns, et il est à notre connaissance personnelle qu'il se pratiquait « clandestinement, surtout dans le canton le plus renommé pour la « qualité supérieure de ses eaux-de-vie, dans celui qui produit les *fines* « *champagnes*. Les gens dont nous parlons se procuraient secrètement « une quantité de *trois-six* proportionnée à celle des vins qu'ils avaient « récoltés, opéraient un mélange et distillaient ensuite le tout.

« Ce qui est surtout remarquable en cela, c'est qu'il est probable « qu'une pareille manœuvre s'est répétée bien souvent sans que la « dégustation des produits ait pu la faire reconnaître.

« Il paraît, en effet, que le goût et la qualité des eaux-de-vie ainsi « obtenues ne diffèrent point sensiblement de celles qui proviennent de « la distillation du vin seulement.

« Aussi bien cela ne se comprend-il pas? l'alcool pur est toujours « identique, quelle que soit sa provenance. L'eau-de-vie de vin em-« prunte seulement son goût et son arome particulier à ceux qui carac-« térisent le vin d'où elle provient; et c'est ce qui différencie les crus. « Or, on sait que les vinasses résultant de la distillation du vin retien-« nent toujours une forte proportion des éléments qui servent au dé-« veloppement de ces deux caractères, ainsi que l'ont prouvé surabon-« damment les récents travaux de M. Robert. Il s'ensuit que la quan-« tité d'alcool surajoutée au vin, en distillant de nouveau dans les ap-« pareils employés à la fabrication de l'eau-de-vie, se charge de ces « éléments au même degré que celui qui provient de la fermentation « du moût de raisin, et il en résulte un produit dont la qualité, comme « nous l'avons dit, n'est pas sensiblement différente.

« La connaissance de ce fait pratique, acquise sous la pression de « circonstances au milieu desquelles s'est trouvé le vignoble charentais, « est, à bien prendre, un progrès réel, et a fait implanter dans le pays, « à l'état d'industrie avouée et publique, ce qui n'avait été jusqu'alors « considéré que comme une manipulation répréhensible.

« De là le mouvement que nous avons indiqué en commençant, des « alcools du Nord vers les départements dont il s'agit, mouvement qui « est encore trop récent pour qu'on en puisse bien apprécier toute l'im-« portance, mais qui n'en promet pas moins, quoi qu'il arrive, aux dis-« tilleries de betteraves un débouché assez considérable pour qu'il n'y « ait point lieu de douter de leur avenir.

« Le commerce des eaux-de-vie de Cognac prend chaque année, en « effet, une extension telle, qu'il n'est pas permis de croire que le vi- « gnoble de la contrée puisse jamais y suffire seul. Il y aura donc de « plus en plus nécessité d'avoir recours à une production étrangère ; et « maintenant que la démonstration dont il s'agissait tout à l'heure est « faite, maintenant que l'adjonction de l'alcool de betterave au vin est « passée dans les habitudes du propriétaire distillateur et du com- « merce, rien ne saurait détourner le courant établi. »

« Ce que dit M. Sanson des coupages faits dans le but de livrer des marchandises parfaitement semblables à des échantillons donnés est très-vrai : il aurait pu parler, aussi, de la coloration factice donnée aux eaux-de-vie. Il n'y a rien là que de très-licite et de très-légitime, puisque les qualités ne sont en rien altérées par des nécessités commerciales et les exigences de goût des consommateurs. Mais il en est tout autrement des fraudes qui consistent en mélanges de *trois-six* du Midi ou d'alcool de betterave, et toute personne, en Saintonge, qui serait convaincue de faire ces mélanges qui dénaturent le produit, serait sévèrement stigmatisée par l'opinion publique. C'est là une morale qui a cours encore, grâce à Dieu : nul n'oserait avouer de pareilles pratitiques; et si des abus graves se commettent, ils sont caractérisés comme ils méritent de l'être ; ils sont soigneusement cachés, et une accusation de ce genre est, pour tout propriétaire, ou tout négociant, l'injure la plus blessante qui puisse lui être faite.

« Tel est l'état véritable des choses. Oui, il y a des fraudes ; mais elles se cachent, elles déshonorent leurs auteurs, elles sont restreintes, par conséquent, et il y a loin de là à la situation que nous désire M. Sanson, à savoir que ces coupables manœuvres soient considérées *comme un progrès réel* et *implantées dans le pays à l'état d'industrie avouée et publique.*

« Sait-on à quoi tiennent la grande réputation, le commerce si important des eaux-de-vie de Cognac? Uniquement à la force et à l'excellence de l'arome particulier à tous les produits de la Saintonge et de l'Angoumois. Cet arome, remarquable par sa chaleur et sa douceur tout à la fois, existe à des degrés divers dans chaque cru, en raison de la composition, de la nature des terrains consacrés à la culture de la vigne : c'est ce qui constitue les dénominations de *fine champagne, petite champagne, bois*, etc., etc. Ces eaux-de-vie, d'un prix un peu plus ou un peu moins élevé, suivant leurs qualités, ont, toutes, la faculté, par leur mélange avec des alcools inertes et sans goût particulier, de communiquer fortement leur propre parfum.

« La délicatesse et la puissance de son goût, d'une part ; sa facilité d'assimilation dans les mélanges avec des alcools communs, d'une autre part, voilà le secret de l'immense succès de l'eau-de-vie de Cognac, de son prix élevé ; la cause de sa prééminence sur tous les marchés d'Angleterre et d'Amérique , où elle ne sert presque absolument qu'à des coupages. Mais, en même temps, voilà le péril....

« De la connaissance qu'un mélange d'eau-de-vie de Cognac avec une autre eau-de-vie d'un prix moindre de 30 à 40 pour cent a presque absolument le même goût que l'eau-de-vie de Cognac pure, au fait même de ce mélange, il n'y a pas loin pour une conscience peu délicate. Et il s'est trouvé, nous l'avouons, un assez grand nombre de ces consciences faciles et qui ne se troublaient pas en se livrant à des manœuvres qu'elles ne regardaient pas comme coupables, du moment où le produit qui en résultait n'était ni malsain ni même souvent reconnaissable au goût. Mais, en réalité, il y a là en germe la perte des eaux-de-vie des deux Charentes.

Personne n'osera soutenir, personne ne soutiendra, que le mélange dont nous parlons aura, dans un second coupage et à dose égale, la même puissance que l'eau-de-vie de Cognac pure : dès lors, nos eaux-de-vie, achetées en Angleterre, aux États-Unis, à un prix très-élevé, en vue des coupages, seulement, ne rempliront plus le but de leur destination ; elles tromperont l'acheteur, elles nous mériteront le reproche trop souvent encouru par le commerce français de fraude et de mauvaise foi.

« Que l'on n'accuse pas les grandes et si honorables maisons de commerce de Cognac d'accepter sans préoccupation la difficile position que l'on tend à leur faire. Les *Hennessy*, les *Martel*, les *Otard*, les *Dupuy* et tant d'autres ont dans cette question les mêmes intérêts que les producteurs d'eaux-de-vie eux-mêmes, et leur loyauté, leur honorabilité recule devant les conditions qui les menacent. L'un des chefs les plus respectés d'une des plus grandes maisons de Cognac me disait l'année dernière : « Il y a cent ans, nos eaux-de-vie s'appelaient *du*
« *Nantes* en Angleterre ; la perfection exceptionnelle de nos produits
« de Saintonge leur a conquis le nom de *Cognac;* mais, si nous per-
« dons les qualités de nos produits, dans vingt ans ils s'appelleront *du*
« *Bordeaux*, parce que Bordeaux, commercialement parlant, est mieux
« situé que Cognac et qu'il deviendra le centre naturel de tous les cou-

« pages d'alcools du Midi, de betterave, de sorgho, de toutes les in-
« ventions que l'on pourra faire, avec nos excellentes eaux-de-vie de
« Saintonge et d'Angoumois. »

« Oui, voilà le péril, le juste péril qui menace nos eaux-de-vie. Leur puissance est dans leur qualité. Otez-la-leur, leur prix exceptionnel n'aura plus aucune raison d'être, et elles seront justement dédaignées par le commerce.

« Nous ressentons si vivement le danger que courent la réputation de nos produits et par suite la prospérité de notre pays, que c'est la raison qui a déterminé un certain nombre de propriétaires, étrangers jusque-là aux affaires commerciales, à fonder, sous la présidence de l'un d'eux, le *comte de Saint-Légier*, au capital de deux millions, une Société viticole qui existe à Cognac, sous la raison sociale *J. Duret et Cie*, qui y possède des chaix considérables, et qui s'est prescrit les règles les plus sévères pour la conservation sans mélange avec des produits étrangers, des eaux-de-vie des deux Charentes qu'elle achète surtout dans les arrondissements de Cognac, de Jonzac et de Saintes, et principalement chez ses actionnaires. La pensée morale qui a présidé à la fondation de cette Société, le nom des hommes qui composent son conseil d'administration, la volonté qu'ils ont de la maintenir dans la ligne de conduite qu'elle s'est tracée, ont ému favorablement, dès le début, l'opinion publique, et nous avons eu la vive satisfaction de voir les petits propriétaires venir à elle, souscrire avec empressement la plus grosse part des actions, et lui donner ainsi ce cachet de popularité qui accueille toutes les œuvres honnêtes.

« Mais ce n'est pas en Saintonge seulement que notre Société viticole a causé quelque émotion ; nous n'avons pas été peu surpris de voir un jour arriver dans nos chaix particuliers, s'informer avec un intérêt profond, nous encourager et nous louer, deux hommes occupant une position considérable dans le commerce anglais, et venant exprès de Londres pour vérifier l'exactitude de renseignements qui, reconnus vrais, leur donnaient des garanties exceptionnelles.

« Composée de propriétaires qui attachent leur honneur à la pureté de leurs produits, et qui veillent scrupuleusement sur la direction non moins scrupuleuse de leur maison de commerce, nous pouvons bien certifier que la fraude coupable que nous flétrissons n'y pénétrera qu'à l'état d'exception et à force de ruse, comme un voleur qui se cache. On nous a dit : « Vous serez entraînés par l'exemple de tous, ou vous
« ne soutiendrez pas la concurrence. » — Si par malheur les grandes

maisons de commerce de Cognac en venaient là, ce qu'à Dieu ne plaise! il est certain que la concurrence ne serait plus possible ; mais au moins pouvons-nous affirmer qu'aucune considération ne nous entraînera à tromper nos acheteurs, et que si une révolution s'opère dans le commerce des eaux-de-vie de Cognac ; si d'un consentement mutuel ces eaux-de-vie sont mélangées des alcools de betterave ou de sorgho, les consommateurs sauront bien ce qu'ils achètent et qu'ils le payeront en conséquence.

« Quoi ! on peut présenter comme une situation avantageuse aux fruits d'un sol privilégié, qui seul a le don de produire un goût recherché, exceptionnel, on peut lui présenter, comme avantageuse, la falsification de ses produits ! Oui, tant que ce sera une tromperie à l'égard de l'acheteur, et qu'on aura pu maintenir celui-ci dans la confiance que le produit qu'il achète est pur de tout mélange ; mais du jour où ce qui est regardé maintenant comme une *manipulation répréhensible* devient *une industrie avouée et publique*, il n'y a plus fraude ; mais le produit exceptionnel de Cognac est coté aux prix des alcools du Nord, des *trois-six* du Midi, et c'est parfaite justice. J'avoue que je ne comprends pas quel avantage commercial pourrait compenser celui que nous perdrions, qui ne nous coûte rien, et que nous devons aux seules faveurs de la Providence.

« On ne peut pas se dissimuler la gravité de la situation ; mais il y a des remèdes au mal : ce sont, d'une part, la loyauté des grandes maisons de commerce de Cognac ; de l'autre, la moralité des dix-neuf vingtièmes des propriétaires fabricants d'eau-de-vie. Si les uns et les autres se liguent sur le terrain de l'honnêteté commerciale ; si la moralité du vendeur entre pour beaucoup dans les choix de l'acquéreur ; si le commerce de Cognac n'achète que les produits dont il sera sûr ; s'il frappe sévèrement les *brûleurs* par métier, lesquels ne visent qu'au profit exagéré, n'ont aucun souci de leur réputation, et se mettent depuis quelques années à acheter nos vins à des prix énormes, incompréhensibles pour nous, parce qu'ils ne les emploient que mêlés à des alcools étrangers, et qu'ils sont ainsi en gain quand nous serions en perte ; si le commerce de Cognac paye cher, très-cher, l'eau-de-vie qui lui présente toutes garanties, et qu'il n'achète à aucun prix celle qui est soupçonnée de fraude ; s'il sait avoir des agents fidèles et qui ne fraudent pas pour leur compte ; si, enfin, il résiste courageusement aux demandes trop nombreuses, en déclarant qu'il ne peut fournir que des quantités données, la cause des eaux-de-vie de Cognac est sauvée.

« Que l'on n'objecte pas l'impossibilité, pour le commerce, de ne pas fournir aux demandes des consommateurs étrangers. Ces derniers veulent ou ne veulent pas de l'eau-de-vie pure de Cognac. Si la qualité leur importe peu, qu'on leur envoie ouvertement des eaux-de-vie d'Armagnac ou du reste du Midi ; si, au contraire, ils veulent uniquement celles de Cognac, qu'ils n'exigent pas des quantités supérieures à la production réelle, quand cette production est nécessairement, impérieusement limitée, en raison même de sa qualité. On insiste, et on dit : « que les exigences du commerce sont impérieuses, et que celui « des eaux-de-vie de Cognac tend à prendre une telle extension, qu'il « sera entraîné fatalement à recourir à des contrées étrangères, car la « Saintonge seule ne pourrait fournir aux demandes. » Que la demande des eaux-de-vie de la France entière passe aux négociants de Cognac, je le veux bien ; mais qu'ils aient alors des marques diverses et des indications loyales des qualités. C'est possible, et leurs affaires n'en iront que mieux.

« Donc, et en réalité, c'est du haut commerce de Cognac que dépend le maintien sévère de la qualité des eaux-de-vie des deux Charentes, et nous avons la confiance qu'il y veillera.

« Recevez, monsieur, l'expression de mes sentiments très-distingués.

E. DE DAMPIERRE. »

Cette lettre est à peine publiée qu'un autre correspondant, l'un des agriculteurs les plus distingués de la Saintonge, M. le comte de Saint-Marsault, relève vivement les assertions de M. Sanson.

M. de Saint-Marsault veut bien, d'abord, approuver et confirmer tout ce que j'ai dit; il énumère, ensuite, les diverses sociétés qui se sont formées dans la Charente et la Charente-Inférieure, sur l'initiative des grands propriétaires viticoles; enfin ; il annonce : « qu'aujourd'hui ce sont les paysans, « oui, les simples paysans qui ont voulu se mettre aussi à « l'abri de la fraude et qui viennent dans ce but d'organiser « eux-mêmes une société en commandite, par actions, pour « vendre leurs récoltes pures de tout mélange, de toute « fraude, et de toute adultération, comme disent les Anglais.»

M. le comte de Saint-Marsault continue, ensuite, en ces

termes : « J'habite le canton de la Jarrie à 16 kilomètres de la Rochelle et quoique complétement étranger au commerce, puisque je ne me suis jamais occupé que d'agriculture depuis que j'ai quitté le service militaire, les habitants de la Jarrie m'ont pour ainsi dire forcé à me mettre à leur tête pour organiser cette société dont nous avons confié la direction à un négociant aussi instruit que prudent. Nos actions de 500 fr. ont été promptement souscrites par un grand nombre de propriétaires dont la plupart possèdent à peine un ou deux hectares de vignes, et tous les jours il se présente de nouveaux souscripteurs que nous avons le regret de ne pouvoir admettre.

« D'où peut donc venir un fait si extraordinaire ? On ne peut en trouver la raison que dans la certitude la plus positive, le plus généralement et le plus évidemment reconnue, du tort que fait aux propriétaires de vignes des deux Charentes la pratique frauduleuse de mélanger à nos eaux-de-vie les esprits neutres ou trois-six, produits par les betteraves dans le Nord, par les grains et les pommes de terre en Angleterre et en Allemagne, ou, enfin, par les distillations du midi de la France.

« Les tribunaux ont été saisis de cette question du mélange, et ceux de Poitiers, de Niort et de la Rochelle ont été unanimes à reconnaître qu'il y avait tromperie sur la qualité de la marchandise vendue, et faisant application d'un article de notre Code, ils ont condamné les fraudeurs suivant la rigueur de la loi.

« Il y a vol, en réalité, et bien caractérisé, à livrer comme produit de la vigne une eau-de-vie qui contient un quart de trois-six, ce qui est la proportion la plus modeste des fraudeurs ; car aux cours d'aujourd'hui, l'eau-de-vie de la Rochelle premier cru vaut 200 fr. l'hectolitre sans futaille et à 59° centésimaux, et le trois-six du Nord coûte, rendu ici, 150 fr. l'hectolitre à 90, futaille comprise, ce qui le porte à 100 fr. à 59° centésimaux. Or, dans cette proportion d'un quart seulement de trois-six, vous recevez 25 litres à 2 fr., qui ne coûtent au livreur que 1 franc. C'est donc un vol qu'il fait de 25 francs par hectolitre.

« En effet, pour apprécier cet objet, il suffit de connaître le genre de commerce auquel donnent lieu les eaux-de-vie des deux Charentes. Nous disons donc avec votre honorable chroniqueur (page 96) : *Le débouché en effet en agriculture, comme dans toutes les branches de l'industrie humaine, est la chose essentielle.* Notre débouché à nous, c'est Paris et le nord de la France, c'est surtout l'Amérique, c'est aussi le nord de l'Europe, l'Australie et la Californie, enfin l'Angleterre elle-même pour les produits les plus délicats. Que deviennent dans ces diverses contrées les eaux-de-vie que nous y expédions en gros ? L'Angleterre en consomme une partie en nature, et par conséquent les veut de toute première qualité. Une autre partie est employée, ainsi qu'à Paris, à viner, c'est-à-dire à donner de la force aux vins de table ; enfin à Paris et dans le nord de la France, ces eaux-de-vie pures sont mélangées avec des esprits neutres dans des proportions déterminées, pour être livrées à la petite consommation. L'Amérique les emploie de la même manière pour améliorer les esprits qu'elle fabrique avec diverses espèces de grains. Mais il est reconnu que si le mélange contient une trop grande proportion d'esprit neutre, le goût propre des eaux-de-vie de vin disparaît complétement. Or, si dans le pays de production nous faisons déjà le mélange, les acheteurs ne pourront plus y rien ajouter ; leur but sera manqué, et ils renonceront à nous demander des produits sur lesquels ils ne pourront plus faire les bénéfices sur lesquels ils comptaient, bénéfices légitimes dans ce cas, car le consommateur du Nord et de l'Amérique sait bien qu'il ne peut obtenir à bas prix des eaux-de-vie pures des deux Charentes, et ne leur demande que de la force et un goût agréable à son palais, goût et force qui survivent encore quand le mélange a été bien fait en une seule fois et dans des proportions convenables.

« Ainsi, puisque *le débouché est la chose essentielle,* nous devons conserver nos débouchés ordinaires et même nous en ouvrir de nouveaux en livrant nos produits purs. Le roulage seul peut perdre sur cette manière de faire, puisqu'il n'aurait plus à nous apporter et à remporter les trois-six employés pour cette fraude; mais les producteurs d'alcool de grains et racines ne sont pas en cause, puisque leurs produits seront toujours consommés après mélange sur place, et le consommateur y gagnera de payer en moins des frais de transport fort onéreux, surtout pour cette marchandise frappée de droits considérables.

« Voilà ce que savent fort bien nos propriétaires viticoles, grands et petits; voilà pourquoi les citadins comme les paysans forment des sociétés pour se défendre contre la fraude. C'est tout simplement pour conserver la réputation méritée de leurs produits purs, et, par conséquent, ne pas perdre leurs débouchés.

« Quant à la question de savoir si les deux Charentes pourront produire assez d'eau-de-vie pour répondre aux demandes, nous pensons qu'on peut être parfaitement rassuré sur ce point; ce n'est qu'une affaire de prix. Nos vins sont tellement supérieurs pour la fabrication de l'eau-de-vie à ce qu'ils pourraient être pour la consommation en nature, que nous aurons toujours intérêt à les distiller : seulement, l'eau-de-vie montera à des prix relatifs à la valeur des vins de consommation; mais il est bien certain que tant que l'on *voudra* de l'eau-de-vie, nous pourrons en fournir, et la production se tiendra toujours à la hauteur de la consommation.

« Votre honorable chroniqueur a goûté les produits obtenus par le mélange frauduleux, et a trouvé l'eau-de-vie dégustée parfaite de goût, douée d'arome et de moelleux. C'est en effet ce qui existe quand le mélange a été bien fait avant la distillation du vin, et c'est pour cela que les propriétaires ont formé des sociétés afin de n'acheter que des produits connus purs en les prenant chez les propriétaires associés ou leurs voisins, donnant toutes les garanties pos-

sibles contre la fraude, car la dégustation la plus attentive trompe souvent les meilleurs connaisseurs. Mais ce qui ne peut tromper, c'est l'addition d'esprits neutres faite par les acheteurs du Nord. Dans les eaux-de-vie déjà fraudées, cette nouvelle addition fait complétement disparaître l'*arome particulier et le moelleux*. De là proviennent les plaintes de ces acheteurs; de là, perte de notre débouché, et c'est ce débouché, que nous voulons conserver, en proscrivant tout mélange dans notre pays producteur.

« Nous ne voulons pas faire de mal aux distillateurs de betteraves; mais nous cherchons par tous les moyens à nous garer du mal qu'ils nous font, et nous espérons que le public voudra bien ne pas nous flétrir de *coalition de monopoleurs* et ne pas appeler *progrès* une fraude d'abord nuisible à nos honorables commerçants, qui ruinerait ensuite la nombreuse population de nos deux Charentes, composée d'une immense quantité de très-petits propriétaires, et cela sans procurer aucun avantage aux distillateurs de betteraves, mais en entravant les affaires des maisons de commerce du Nord pour enrichir quelques soi-disant négociants marrons de bas étage et peu dignes d'intérêt. »

Ainsi parle M. de Saint-Marsault.

Que dit M. Sanson dans les deux réponses qu'il a bien voulu nous consacrer?

D'abord, il pense que je suis mal renseigné lorsque je crois que toute personne qui pratiquerait l'industrie des mélanges d'alcools du Nord avec des eaux-de-vie de Cognac serait « *sévèrement stigmatisée par l'opinion publique;* » pour lui, la chose est passée dans les habitudes du pays, « *on rit tout simplement des rares propriétaires qui ne le* « *font pas encore.* » — « *L'échantillon couvre tout et l'on a* « *la conscience parfaitement à l'abri quand on a livré des* « *produits conformes à l'échantillon.* » — Le fait est passé dans la pratique de « *l'immense majorité* » des propriétaires vinicoles du pays; cette industrie est pratiquée ouvertement et acceptée par tous, et ajoute-t-il : « *Nous ne pen-*

« *sons pas qu'il y ait maintenant le moindre doute à cet en-*
« *droit. La lettre de M. le comte de Saint-Marsault ainsi*
« *que celle de M. de Dampierre confirment pleinement ce que*
« *nous en avons dit. Il n'y a donc pas lieu d'y revenir.* »

J'en demande bien pardon à M. Sanson, mais je conteste énergiquement de pareilles assertions et je suis, il me semble, dans les conditions les plus favorables pour savoir aussi bien que qui que ce soit ce qui se passe en Saintonge. J'y cultive cent hectares de vignes; j'ai des relations de parenté, d'intimité, dans tous les cantons producteurs d'eau-de-vie; enfin, j'ai dû, plus qu'un autre, me préoccuper de cette question, du moment où j'entrais pour quelque chose dans une société commerciale de la nature de celle dont j'ai parlé.

C'est le petit nombre et non pas « *l'immense majorité* » des propriétaires qui fraude, je le répète; si les eaux-de-vie fraudées sont achetées par le commerce de Cognac, c'est à la faveur d'une tromperie, et non point en déclarant loyalement la nature des produits qu'on lui offre. — A l'appui de ce que j'affirme, je mets M. Sanson au défi de citer, *avec son consentement*, un seul des nombreux propriétaires ses amis qui se livrent à cette « *industrie avouée.* »

Maintenant, je ne trouve rien de mieux que de citer un passage d'une des chroniques agricoles de M. Sanson lui-même, qui témoigne assez du degré d'inquiétude du commerce de Cognac et du malaise que lui cause la situation actuelle :

« Le débouché en agriculture, comme dans toutes les
« autres branches de l'industrie humaine, est la chose es-
« sentielle; et il n'est pas d'une médiocre importance de
« savoir, notamment, jusqu'à quel point il est possible de
« compter sur celui que nous avons dû signaler pour les
« distilleries de betteraves.

« Les alcools de cette provenance, avons-nous dit, ont
« pris d'une façon régulière le chemin des deux Charentes,
« depuis quelque temps, et les distillateurs de ce pays les

« mêlent en certaines proportions aux vins du cru, avant « de soumettre ceux-ci à la distillation. De cette façon la « production des eaux-de-vie de Cognac se trouve consi- « dérablement augmentée et peut alors suffire à la de- « mande.

« Or, tout récemment, une réunion des représentants des « principales maisons de commerce a eu lieu, afin de « s'entendre sur les moyens propres à entraver la marche « de cette nouvelle industrie, qu'on avait toutes raisons de « croire désormais implantée dans le pays et acceptée par « le commerce lui-même. Dans cette réunion, il a été arrêté « que désormais on s'interdirait la faculté d'acheter autre- « ment que par voie directe, c'est-à-dire des producteurs « eux-mêmes; et encore, à la condition que ceux-ci pren- « draient, par écrit, l'engagement formel de ne livrer que « des eaux-de-vie exemptes de tout mélange, sauf à se voir « traduire devant la police correctionnelle, sur le simple « examen d'un expert choisi et désigné d'avance par les « négociants ; et après avoir fourni, en outre, des attesta- « tions en forme, prouvant que la marchandise livrée « provient bien exclusivement de la récolte personnelle du « vendeur.

« Telle est la mesure adoptée en principe, mesure qui, « comme on voit, exclurait tous les intermédiaires, tous « les parasites et même tous les industriels connus dans le « pays sous le nom de *bouilleurs*, plus, ajouterons-nous, « l'immense majorité des propriétaires qui, au demeurant, « n'étant plus habitués à se laisser faire la loi par MM. les « négociants de Cognac, ne sauraient consentir à vendre « leur eau-de-vie autrement que sur simple échantillon « conforme. »

Suit une critique amère de cette mesure prise par le commerce et l'affirmation « *que, quoi qu'il fasse, la redistillation* « *des eaux-de-vie de betteraves mêlées aux vins des deux* « *Charentes est un fait acquis à l'industrie agricole et en* « *même temps un de ces progrès que rien ne saurait entraver*

« *dans leur marche. Désormais la richesse alcoolique des* « *vins du cru n'est plus indispensable.* » —Enfin, M. Sanson « s'écrie :

« *Mais que les distillateurs de betteraves se rassurent, il* « *y a quelque chose de plus fort que la coalition de quelques* « *monopoliseurs et ce quelque chose c'est le progrès.* » — En vérité c'est profaner le mot que de l'appliquer à ce vol manifeste que l'on fait en trompant le commerce anglais ou américain sur la valeur de la marchandise qu'il achète, et cette indignation à l'encontre de ceux qui défendent leurs produits contre des mélanges qui en détruisent la qualité, a quelque chose d'aussi plaisant que la fureur des Anglais contre la Chine, il y a quelques années, parce qu'on apportait quelques entraves à l'empoisonnement par l'opium des malheureux Chinois.

M. Sauson dit que des mélanges d'eaux-de-vie inférieures avec celles du pays seraient regardés par lui comme répréhensibles et frauduleux ; mais qu'il n'en est aucunement ainsi de la méthode qui consiste à mélanger l'alcool avec le vin pour distiller ensuite le tout. Il prétend, en s'appuyant à tort sur la concession que j'ai faite que le produit n'était « ni malsain, ni même souvent reconnaissable au goût, » que, par la méthode dont il parle le produit emprunte son goût « *à l'excédant qui serait resté dans les* « *vinasses, de manière à ne point différer sensiblement au* « *goût de celui qui provient uniquement de la distillation du* « *vin.* »

Puis il ajoute : « *En effet, qu'est-ce que de l'eau-de-vie de* « *Cognac pour le chimiste ? C'est tout simplement de l'alcool* « *étendu d'eau et aromatisé par une huile essentielle parti-* « *culière dont il est inutile de dire ici le nom et la qualité.* « *Eh bien, l'huile essentielle, l'arome et le goût continuent* « *d'être identiques ; qu'importe la source de l'alcool ? Y au-* « *rait-il donc une différence chimique entre l'alcool anhydre* « *de betteraves et celui de vin ? M. de Dampierre sans doute* « *n'a point songé à le prétendre, pourtant toute la question*

« *est là. Et nous oserons soutenir, jusqu'à ce qu'on nous ait* « *fait la preuve expérimentale du contraire, qu'une eau-* « *de-vie* BIEN FABRIQUÉE *et* BIEN LOGÉE *conservera pour les* « *seconds coupages, et à dose égale, la puissance des eaux-* « *de-vie de Saintonge, qu'avec beaucoug d'autres M. de Dam-* « *pierre qualifie de pure ; et cela parce que nous ne voyons* « *point pourquoi il en serait autrement.* »

Voilà une question à laquelle je me sens incapable de répondre scientifiquement et sur laquelle j'appelle de toutes mes forces l'attention de la Société centrale d'agriculture. — Je me dis, pourtant, que je ne connais aucune liqueur qui, étendue indéfiniment d'alcool, ne finisse par perdre son parfum, et qu'une théorie contraire choque le simple bon sens.

En attendant que la science, que j'invoque de toutes mes forces, vienne nous apporter la lumière, je puis dire que la loi se trouve suffisamment armée pour punir les pratiques que l'on prétend défendre comme licites, et qu'elle use justement de ce droit. — Nous voyons tous les jours de pauvres épiciers énergiquement poursuivis parce qu'ils vendent de la chicorée mêlée à leur café. — Ils disent, eux aussi : Mais la chicorée n'a rien de malsain ; la consommation est exigeante et nous force à ces mélanges. Ils disent, en outre, ce que les fraudeurs d'eau-de-vie ne peuvent pas dire et ne disent pas : Mais nous inscrivons sur nos barils *café et chicorée*, nous ne trompons donc pas l'acquéreur. — N'importe, c'est la sophistication que la loi poursuit et qu'elle punit ; le produit est altéré et l'épicier est frappé. — Le fraudeur d'eau-de-vie doit l'être aussi, et bien plus justement encore ; car il ne présente jamais le produit sous sa véritable étiquette, il n'a jamais écrit sur ses tierçons : *cognac et alcool.*

En dernier lieu, M. Sanson se demande « *si cette même* « *industrie examinée dans ses résultats réels, c'est-à-dire* « *par rapport à la qualité des produits, est capable de nuire* « *sérieusement et définitivement aux débouchés de ceux-ci.* »

Naturellement il prouve qu'il n'y a aucun souci à avoir à cet égard. — Mais de meilleurs juges pensent tout autrement, et les mesures prises par le commerce et les propriétaires dénotent un degré d'inquiétude bien fait pour appeler l'attention. Voici ce que m'écrivait ces jours-ci M. Jules Duret, gérant de notre Société viticole ; cette lettre d'un homme parfaitement compétent, éclaire, d'ailleurs, d'autres points de la question et elle est écrite à propos de la discussion soulevée par M. Sanson.

« Tant en mon nom personnel qu'en celui de tout le « grand commerce de Cognac, je viens vous dire qu'il y a « autant d'erreurs et d'assertions fausses que de mots dans « les propositions du chroniqueur saintongeais.

« 1° Non, le mélange des 3/6 de betteraves et autres avec « les vins dans leur distillation n'est pas un fait passé dans « la pratique de l'immense majorité des propriétaires, et « une industrie pratiquée ouvertement et acceptée par tous.

« 2° Non, la qualité de nos produits ne demeure pas du « tout identique, malgré le mélange des 3/6 dans la distil- « lation des vins.

« 3° Certainement, cette adultération peut considérable- « ment nuire aux débouchés des produits du pays.

« Comme tout ce qui appartient à l'homme, les sens du « goût et de l'odorat sont faillibles et tout excès les « altère. Des erreurs sont donc possibles, par exception, « dans la dégustation des eaux-de-vie, surtout quand les « sens ont été émoussés par un exercice trop prolongé, ce « qui arrive tous les jours à l'époque des grands achats du « commerce. Mais, comme règle générale, et dans l'état « normal des sens du goût et de l'odorat, il est impossible « de confondre une eau-de-vie pure avec une eau-de-vie « fortement adultérée, soit par un mélange direct de 3/6, « soit par la distillation du 3/6 avec le vin.

« Nous distillons nos eaux-de-vie à 60° environ, il s'y « trouve donc quarante parties non alcooliques provenant « du fruit de la vigne et composant ce qu'on appelle la

« sève, le fruit, la saveur et l'arome délicieux de nos pro-
« duits. Les 3,6 de betterave et de grain n'ont ni sève ni
« fruit, et ont, au contraire, une saveur et une odeur nau-
« séabondes que la chimie s'efforce en vain de leur enle-
« ver, mais qu'on retrouve toujours lorsqu'on les goûte
« avec l'eau chaude. Or, vous savez que la race anglo-
« saxonne consomme nos eaux-de-vie sur tous les points
« du globe, en les buvant avec de l'eau chaude qui déve-
« loppe leur parfum et leur sève.

« C'est donc contre toute raison qu'on soutient que le
« mélange des 3/6 *de betterave* ou *de grain*, soit par mix-
« tion directe ou par distillation, laisse le produit iden-
« tique à l'eau-de-vie pure. Ce mélange, au contraire,
« enlève au produit, dans la proportion mathématique de
« l'adultération, sa sève, son fruit, son arome et sa saveur.
« Et, la preuve que l'adultération altère la qualité de nos
« eaux-de-vie et qu'on reconnaît facilement cette adultéra-
« tion, c'est que, sur le marché de Cognac, les eaux-de-vie
« adultérées que les spéculateurs-distillateurs ont fabri-
« quées, sont à des prix variées suivant leur degré d'adul-
« tération, depuis 200 francs l'hectolitre jusqu'à 240, tandis
« que les eaux-de-vie pures et sûres des mêmes crus se
« vendent 300 francs l'hectolitre.

« De ces faits incontestables et de notoriété publique, il
« résulte évidemment que l'extension de l'adultération
« aurait pour résultats certains la destruction du commerce
« de notre pays.

« En effet, les Anglais, qui vendent aujourd'hui, en
« France, d'énormes quantités d'alcool de grain et autres,
« n'achètent nos eaux-de-vie quatre fois plus cher (sans
« parler des droits d'entrée de 15 shellings par gallon) que
« parce qu'ils trouvent à nos produits une supériorité de
« qualité équivalente à cette différence de prix. Si cette
« supériorité de qualité diminue ou cesse d'exister, il est
« clair, aussi, que les Anglais cesseront de venir acheter nos
« produits désormais semblables aux leurs.

« Aussi, monsieur, le grand commerce de Cognac s'est-il « énergiquement élevé contre cette tendance à l'adultéra- « tion des produits de notre pays. Il a repoussé les spécu- « lateurs faisant ce genre d'opération, il a sévèrement « poursuivi les propriétaires livrant des produits adultérés « au lieu des produits purs de leur propriété qu'on avait « entendu acheter.

« Il est généralement en pratique aujourd'hui dans le « commerce, que, quand on achète d'un propriétaire, on « lui demande s'il entend vendre et garantir le produit pur « de son sol. En cas de refus on n'achète pas, et en cas d'af- « firmative on lui fait signer son engagement. S'il y a man- « que de bonne foi de la part du vendeur, il est poursuivi « devant les tribunaux correctionnels. En un mot, on con- « sidère le propriétaire qui livre un produit adultéré, tandis « qu'il a entendu vendre et qu'on a entendu acheter le pro- « duit pur de son sol, *comme un voleur ordinaire.* »

Veut-on savoir jusqu'à quel degré vont les inquiétudes des producteurs, qu'on en juge par le fait suivant : en ce moment même, et dans deux cantons importants, les propriétaires s'organisent en une sorte d'association contre la fraude : par acte passé devant notaire, ils s'engageront à ne livrer que des produits purs de tout mélange, sous peine de l'amende énorme de *dix mille francs.* Et quiconque ne signera pas cet engagement, sera par cela seul sous le coup d'une défiance et d'une surveillance parfaitement légitimées.

Enfin, ce n'est pas seulement dans les deux Charentes qu'on s'inquiète, et je lisais ces jours-ci, dans le *Journal de Bercy et de l'Entrepôt*, l'article suivant :

« La situation faite aux spiritueux continue à être peu favorable; les alcools du Midi n'ont plus qu'une existence et une cote nominales, et les 3/6 du Nord subissent d'une manière de plus en plus sensible la dépréciation produite par la découverte des mélanges frauduleux pratiqués avec des esprits allemands.

« Cet incident, qui jette en ce moment la perturbation

dans le commerce spécial, aura peut-être cet heureux résultat qu'il forcera le consommateur et le négociant intermédiaire d'exiger à l'avenir des marques de garantie : ce résultat assurerait le succès des maisons qui sont restées fidèles au culte de la loyauté dans les transactions.

« Les eaux-de-vie ont subi le mouvement de hausse continue que nous avions signalé déjà à Cognac, à la Rochelle et sur tous les marchés producteurs, aussi bien qu'à Paris.

« Cette hausse, provoquée par des achats considérables et empressés, n'empêche pas cependant le commerce local de se plaindre d'une frauduleuse introduction de 3,6 anglais ou autres dans les eaux-de-vie à réputation séculaire, et de nous demander s'il n'existerait pas un moyen de reconnaître cette coupable manœuvre.

« Ce moyen existe, nous l'espérons du moins, jusqu'à ce que la science, qui est saisie de la question, ait donné son dernier mot. Nous serons heureux alors de mettre le commerce des Charentes, qui a fait le monde entier tributaire de ses produits, à l'abri des falsifications qui lui causent de si graves préjudices. »

Je ne veux pas terminer cet exposé sans remercier M. Sanson d'avoir soulevé un débat qui ne peut que gagner à la publicité. La divergence de nos opinions s'explique aisément par la différence du point de vue auquel nous nous plaçons. M. Sanson le dit lui-même : « *M. de Dampierre* « *se préoccupe uniquement des intérêts exclusifs du vignoble* « *charentais; nous, par devoir et par prédilection, nous* « *avons surtout en vue ceux de la culture en général. Or,* « *dût la réputation des eaux-de-vie de Cognac baisser un* « *peu, que nous nous féliciterions encore, si la prospérité* « *des cultures de betteraves s'ensuivait.* »

D'accord, mais on nous permettra, alors, de croire que nous sommes meilleur juge de la qualité de nos produits, de l'honneur de notre commerce, de l'avenir de notre industrie, et que notre voix doit avoir quelque autorité, quand, pour traiter ces questions, nous ne nous inspirons que de notre patriotisme et que nous dédaignons les bénéfices considérables que nous trouverions dans les habitudes que l'on cherche à faire prévaloir. Nous faisons comme agriculteur des vœux sincères pour la prospérité des cultures de betteraves; mais nous ne saurions lui sacrifier d'autres cultures aussi dignes d'intérêt, moins protégées, et moins bien défendues, malheureusement.

Je finis par une dernière observation : on croit défendre une industrie nationale en se montrant partisan des mélanges des alcools du Nord avec les eaux-de-vie de Cognac ; eh bien, on se trompe. Ce n'est que d'une manière transitoire que les alcools de betteraves sont employés dans les coupages ; ce serait une erreur fatale pour les fabricants d'alcool de betteraves que de compter sur le débouché dont on les leurre ; car, déjà les alcools de grains qui nous arrivent d'Angleterre et d'Allemagne, et qui sont bien plus propres qu'aucun autre à dérouter les dégustateurs, font rejeter l'emploi de l'alcool de betteraves.

E. DE DAMPIERRE.

Ce rapport avait été lu dans la séance du 4 mars 1857 de la Société centrale ; il avait reçu un accueil qui m'avait rempli d'espoir et avait été renvoyé, après une intéressante discussion, à une commission composée des deux sections des sciences physico-chimiques agricoles ; d'économie, de statistique et de législation agricoles ; commission où siégeaient les hommes les plus éminents, MM. Chevreul, Becquerel, Boussingault, Dumas, Barral, Moll, Pommier, Monny de Mornay, Dupin, Léonce de Lavergne, Passy, et M. Payen, secrétaire perpétuel.

Cependant les mois se passaient et j'apprenais avec étonnement que M. le secrétaire perpétuel n'avait pas encore réuni la commission nommée; je m'en émus, je réclamai cette justice dans plusieurs lettres adressées à M. le président et à M. le secrétaire perpétuel de la Société centrale d'agriculture, qui me répondirent poliment, mais sans me donner aucune satisfaction à cet égard. — J'avais eu *dix* mois de patience; une occasion favorable se présentait de sauver, d'un oubli définitif, notre pauvre question des eaux-de-vie de Cognac, je la saisis et je publiai, le 28 janvier 1858, dans le *Journal d'agriculture pratique*, un article qui eut le double résultat de faire réunir immédiatement la commission, et de provoquer un débat entre M. Payen et moi. Voici d'abord l'article du *Journal d'agriculture pratique;* je reproduirai ensuite les réponses de M. Payen et celle que je lui adressai, moi-même, très-sincèrement heureux de voir, enfin, l'éminent chimiste formuler catégoriquement une opinion favorable à mes idées, et prenant aisément mon parti de sentir un peu d'humeur et de déplaisir dans la façon dont il s'exprime :

LES EAUX-DE-VIE DE COGNAC.

Ce n'est pas sans quelques appréhensions que j'entreprends d'écrire cette notice sur les eaux-de-vie de Saintonge et d'Angoumois, connues dans le monde entier sous le nom d'eaux-de-vie de Cognac.

L'importance du commerce dont elles sont l'objet, leur prééminence, la cause et les connaissances de cette prééminence, la lutte ardente qu'une fraude immorale a soulevée, les triomphes et les bénéfices momentanés de cette fraude aujourd'hui réprimée par la coalition de tous les propriétaires et de tous les négociants honnêtes; tout cela est facile à raconter, des chiffres et des faits confirmeront mes dires et les mettront, j'espère, au-dessus de toute discussion. Mais, si j'aborde le point épineux des limites qui comprennent les eaux-de-vie de Cognac et la classification des crus, je me heurte à des prétentions, à des ambitions et à des illusions que je n'ai pas le courage d'affronter, je l'avoue. Il s'agit ici, d'ailleurs, d'intérêts si considérables, souvent défendus avec tant de conscience, avec des convictions si vives et quelquefois justifiées, qu'il serait d'une grande imprudence de trancher légèrement ces questions. On me pardonnera donc de ne tracer aucune ligne géographique et de rester à cet égard dans des généralités qui excluront tout mécontentement sans cesser d'être exactes.

Je le puis d'autant mieux, qu'on ne serait plus dans la vérité en indiquant rigoureusement telles ou telles zones comme produisant des eaux-de-vie de telle ou telle qualité. C'est la composition du sol, la nature des couches supérieures ou intérieures du terrain, la combinaison de tels ou tels éléments qui apportent des nances plus ou moins prononcées dans l'arome, le moelleux, qui distinguent les eaux-de vie de Cognac et constituent les diverses qualités qu'on désigne sous les noms de *fine champagne, champagne, fins bois, bois*; dès lors on comprendra qu'une même contrée puisse produire à la fois et des eaux-de-vie de *champagne* et des eaux-de-vie de *bois*. Il n'est pas rare de rencontrer dans une même commune des compositions et des dispositions de terrains complétement dissemblables.

Les deux départements de la Charente et de la Charente-Inférieure produisent seuls les eaux-de-vie, connues dans le commerce sous le nom d'eaux-de-vie de Cognac; c'est Cognac qui est le grand centre commercial de ces eaux-de-vie et ce sont les environs de Cognac qui renferment le plus grand nombre des crus produisant la *fine champagne*. Quelques autres villes de Saintonge et d'Angoumois expédient directement de bonnes eaux-de-vie, renferment des maisons estimables; mais il n'en est pas moins vrai que sous aucun rapport elles ne peuvent lutter d'importance avec une ville dont l'étonnante prospérité et l'accroissement rapide ont quelque chose des destinées des cités américaines, bourgades hier et aujourd'hui populeuses, luxuriantes et étalant avec orgueil les richesses qu'ont enfantées leur génie commercial et leur féconde activité.

La Charente-Inférieure ne renferme pas moins de 108,750 hectares de vignes, et la Charente 94,801. La plus grande partie des vins sont livrés à la chaudière et les produits de cette distillation constituent un mouvement d'affaires qui ne peut guère être évalué au-dessous de cent millions de frans par an.

Divers modes de distillation sont adoptés; les uns obtiennent l'eau-de-vie du premier jet, les autres ont besoin de deux *chauffes* successives. Le premier système indiqué est le plus économique, le plus prompt, il est d'une application récente; le dernier est le vieux système; il est moins expéditif, plus coûteux, mais il donne, de l'avis de juges éclairés, une eau-de-vie plus moelleuse. Les modifications à ces deux modes de fabrication sont nombreuses; chaque ville, chaque bourg renferme un ou plusieurs fabricants de chaudières, et chacun a la prétention de faire mieux que ses devanciers et surtout de ne pas faire comme son voisin. Cette émulation a ses bons côtés, et je ne pense pas qu'aucun pays soit plus avancé que la Saintonge dans ce genre d'industrie.

Le degré auquel on distille les eaux-de-vie est de 60 à 66 degrés centésimaux, force supérieure à celle de toutes les autres eaux-de-vie de France. Le degré marchand de l'eau-de-vie de Cognac est 4 degrés *Tessa*, ou 59 degrés centésimaux. Mais on attache une telle importance à la distillation à un degré élevé de nos eaux-de-vie, que toutes celles qui sont livrées au commerce dépassent de beaucoup le degré marchand; l'usage établi est que le commerce local paye aux propriétaires 5 pour 100 par degré *Tessa*, au-dessus de 4, la surforce de leurs eaux-de-vie, et le commerce reçoit lui-même des maisons étrangères auxquelles il livre ses produits, 5 pour 100 par 3 degrés centésimaux au-dessus de 59 degrés.

L'alcoomètre *Tessa* est le seul en usage sur la place de

Cognac, le seul connu des propriétaires. Le degré *Tessa*, aux environs du tempéré, équivaut à peu près à 3 degrés centésimaux.

J'ai le regret de dire qu'il ne se consomme presque pas d'eau-de-vie de Cognac en France; les grands marchés de la Saintonge et de l'Angoumois sont l'Angleterre, la Russie, l'Amérique. Le prix de ces eaux-de-vie est incomparablement plus élevé que celui de toutes les autres eaux-de-vie du Midi; la vente en est facile, courante, toujours payée comptant, et on suffit à grand'peine aux demandes faites par le commerce étranger en vue de coupages; car toute l'eau-de-vie de Cognac, pour ainsi dire, subit cette destinée d'aller imprimer son goût propre, dans une proportion plus ou moins forte, à une foule d'autres alcools inertes et qui subissent l'ascendant de son arome; ou bien elle est bue en *grogs*, c'est-à-dire mélangée avec de l'eau chaude, qui développe énormément son parfum, par les Américains.

La délicatesse et la puissance de l'arome de l'eau-de-vie de Cognac, d'une part; sa facilité d'assimilation dans les mélanges avec des alcools communs, d'une autre part : voilà le secret de l'immense succès de cette eau-de-vie, de son prix élevé, la cause de sa prééminence sur tous les marchés d'Angleterre et d'Amérique. — Mais voilà, aussi, où a été le péril qui a un instant gravement menacé cette industrie.

De la connaissance qu'un mélange d'eau-de-vie de Cognac avec une autre eau-de-vie, d'un prix moindre de 40 à 50 pour 100, a presque absolument le même goût que l'eau-de-vie de Cognac pure, au fait même de ce mélange, il n'y a pas loin pour des consciences peu délicates. La fraude devait donc s'introduire dans un commerce aussi prospère et tenter de réaliser, dans des proportions énormes, un bénéfice déloyal. — Plusieurs circonstances favorisaient, d'ailleurs, ces déplorables tentatives. Les eaux-de-vie de Cognac, en général, sont achetées et enlevées aussitôt qu'elles sont fabriquées, et, dans les premiers temps, si les mélanges sont faits avec prudence et habileté, il est fort difficile d'en reconnaître au goût la moindre trace : ce n'est qu'au bout d'un certain temps que l'arome particulier à l'eau-de-vie de Saintonge ressort avec énergie dans l'eau-de-vie pure, et apporte même une différence de plus en plus sensible pour les palais exercés entre les diverses qualités de ses crus. — D'un autre côté, quand les dégustateurs ont essayé une certaine quantité d'eau-de-vie, ce qui a lieu forcément au moment des grands achats, leur goût s'émousse et ne peut plus saisir les nuances qui caractérisent les diverses qualités. — On comprend que, pressés par la concurrence, obligés d'acheter les eaux-de-vie au sortir de l'alambic et avant que leur goût soit développé, ayant souvent affaire à des fraudeurs d'une adresse merveilleuse, les dégustateurs les plus habiles soient mis quelquefois en défaut.

La fraude dans les eaux-de-vie de Cognac parut d'abord un vol si manifeste, qu'elle se cacha soigneusement et ne s'exerça que sur une fort petite échelle, insignifiante presque et n'apportant aucun trouble dans la masse générale des produits. Les *trois-six* du Languedoc et de Montpellier avaient d'ailleurs leur goût propre qui pouvait faire reconnaître leur présence, et dénoncer les eaux-de-vie fraudées à la juste susceptibilité du commerce de Cognac et des producteurs honnêtes. — Mais depuis quelques années les choses ont changé de face; les alcools du Nord, de betteraves, de grains surtout, ont été essayés par les fraudeurs ; on les a trouvés plus inertes de goût, par cela plus susceptibles de se laisser dominer par l'arome de l'eau-de-vie pure de Cognac, et on n'a pas tardé à en introduire en Saintonge des quantités considérables. Le bas prix comparatif des alcools du Nord, de ceux d'Angleterre, établissait, d'ailleurs, une grande augmentation de bénéfices sur tout autre coupage.

Les propriétaires se sont, dans le principe, tous refusés à de pareilles manœuvres; mais bientôt ils ont entendu des accusations, en partie fausses, en partie vraies, s'adresser au commerce; accusations qui ne distinguaient pas entre le négociant expéditeur et l'acheteur intermédiaire moins scrupuleux que lui; ils ont pu souvent vérifier sous leurs yeux la justesse de ces accusations. En même temps des spéculateurs non-propriétaires montaient des alambics, achetaient des vins à des prix incompréhensibles et cependant faisaient de magnifiques affaires. — Alors, cela est malheureusement vrai, un certain nombre de propriétaires, les moins honnêtes, les moins aisés, se sont dit qu'ils jouaient un rôle de dupes et qu'ils pouvaient bien bénéficier eux-mêmes de ces coupages que d'autres faisaient au sortir de leur chaix; ils n'ont pas manqué, en bons politiques, d'aggraver le mal réel, d'accuser le commerce en masse de la faute de quelques-uns, et, sans jamais avouer personnellement aucune de ces manœuvres coupables, car leurs produits eussent été aussitôt frappés d'interdit, ils s'y sont livrés clandestinement. — Mais, il faut le dire à la louange de la Saintonge, le nombre des propriétaires fraudeurs a été infiniment petit. Le plus grand nombre ne s'est pas départi de la loyauté traditionnelle de sa fabrication: il a toujours compris, quelques sophismes qu'on employât pour le détourner de la voie honnête, qu'il n'y avait pas de vol plus manifeste que d'altérer ses produits de manière à diminuer sensiblement leur efficacité dans les coupages, en vue desquels ils étaient achetés à des prix très-élevés par l'Angleterre et les États-Unis; il a toujours pensé que c'était tout à la fois déshonorer son commerce sur toutes les places du monde et ruiner son industrie; car la valeur de l'eau-de-vie de Cognac réside dans sa qualité exceptionnelle; si on la lui ôte, son prix exceptionnel aussi n'a plus aucune raison d'être.

Il est juste d'en dire autant des grandes et si honorables maisons de commerce de Cognac: les Hennessy, les Martell, les Otard, les Dupuy et tant d'autres avaient, dans cette question, les mêmes intérêts que les producteurs eux-mêmes;

ils envisageaient avec effroi les conditions qui leur étaient faites, et, au lieu de se laisser entraîner, ils ont encouragé à la résistance, résisté eux-mêmes autant qu'il était en leur pouvoir.

Jusqu'à l'année dernière, le bruit de cette agitation intérieure n'avait pas fait explosion au dehors : nous ne pensions pas qu'il y eût deux manières de la juger et notre étonnement fut grand de voir un journal agricole prétendre qu'il fallait considérer comme un progrès, regarder comme un débouché honnête et naturel pour les alcools du Nord, les sophistications dont nous venons de parler; notre peine fut profonde d'entendre un savant éminent, secrétaire perpétuel de la Société impériale et centrale d'Agriculture, M. Payen, professer dans ses cours la même doctrine.

Une discussion vive s'engagea avec le journal agricole dont je viens de parler, et, en ma qualité de membre correspondant de la Société centrale d'Agriculture pour le département de la Charente-Inférieure, je crus devoir la saisir d'une question qui touchait aux intérêts les plus graves, au salut même d'une des industries les plus fécondes du sol de la France : j'eus l'honneur, dans la séance du 4 mars 1857, de lire devant elle et de lui laisser un Mémoire qui se terminait en lui demandant de faire étudier par les chimistes illustres qui siégent dans son sein les moyens de constater scientifiquement les falsifications diverses dont les eaux-de-vie de Cognac étaient l'objet. — 33 bouteilles d'eaux-de-vie, soit des divers crus et qualités d'une pureté incontestable, soit d'eaux-de-vie mélangées à des degrés divers aux différents alcools usités dans les coupages frauduleux qui se font en Saintonge, me furent demandés par M. le secrétaire perpétuel, ainsi que des renseignements complémentaires. Je m'empressai de les lui envoyer, et le tout dut être remis, en vertu d'une décision prise dans cette même séance du 4 mars 1857, à l'examen des sections des sciences physico-chimiques agricoles et d'économie, de statistique et de législation agricoles. — L'accueil plein d'encouragements que reçut mon Mémoire me donna l'espoir que la Société centrale d'Agriculture appuierait de son autorité et de ses recherches le mouvement de révolte qui commençait à se manifester en Saintonge contre la cupidité de quelques fraudeurs, et les bénéfices scandaleux que leur procurait leur industrie. — Malheureusement les travaux multipliés de l'illustre corps ne lui ont pas permis encore de s'occuper de cette question; et la commission nommée n'en a pas été saisie jusqu'à présent.

Cependant le mal grandissait, il atteignait et précipitait à sa perte une industrie procurant, je le répète, un mouvement d'affaires, dans deux départements, qui n'est pas évalué à moins de 100 millions par an; une patriotique émotion s'emparait des esprits à la vue de ce péril, et chacun comprenait qu'il fallait trouver en soi, et en soi seul, les moyens de le conjurer.

C'est ce qui a eu lieu heureusement, et on ne saurait trop louer les efforts de la Saintonge et de l'Angoumois, leurs énergiques protestations contre des théories et des pratiques qui tendaient à ruiner la réputation de leurs produits, et, par suite, à détruire leur prospérité agricole et commerciale. Leur intérêt et leur honneur leur conseillaient aussi fortement l'un que l'autre de défendre la pureté de leurs eaux-de-vie, et, loin de manquer à ce devoir, elles l'ont accompli avec un succès, un entrain, une harmonie, qui leur attireront certainement l'estime du monde. Jamais aucun mouvement ne s'est concilié plus énergiquement la sympathie de toutes les classes, une popularité de meilleur aloi. — Jamais ceux contre lesquels il était dirigé n'acceptèrent leur défaite dans un silence plus humble et une plus complète conviction qu'ils étaient battus.

Je tiens à grand honneur de réclamer, pour un certain nombre de propriétaires de Saintonge, la part qu'ils ont eue dès le principe dans ce mouvement, qui a ensuite entraîné tous les esprits honnêtes. Il y a cinq ans que quelques hommes, absolument étrangers jusque-là aux affaires commerciales, qui n'abordaient pas sans répugnance, il faut le dire, un terrain presque inconnu, qui ne livraient pas, sans préoccupations, leur nom à la publicité, prirent une initative courageuse, et fondèrent une *Association de propriétaires viticoles,* qui résolut de faire elle-même le commerce de ses eaux-de-vie, s'engageant solennellement par le premier article de son règlement à ne faire et à ne supporter aucun mélange, non-seulement d'alcools étrangers, mais encore d'eaux-de-vie autres que celles de Cognac — L'accueil qu'un pareil programme reçut dans toute la Saintonge, la souscription presque immédiate des deux millions de son capital, les encouragements du commerce anglais, son adhésion très-vive aux principes qui avaient donné naissance à l'entreprise, nous montrèrent bientôt que nous ne nous étions pas trompés sur la portée morale de notre œuvre. — Depuis ce temps, l'Association a prospéré : des circonstances périlleuses n'ont point arrêté sa marche ; elle a peu à peu conquis une place honorable, et on lui rend la justice qu'elle ne perd pas de vue sa mission. C'est d'elle, ce sont de ses membres les plus influents, qu'est venue la pensée de cette *coalition des propriétaires honnêtes,* qui obtient aujourd'hui un si grand succès et coupe court aux entreprises de la fraude. Des commissions, des sous-commissions, sont organisées dans tous les chefs-lieux d'arrondissement et de canton pour recueillir les adhésions des propriétaires, adhésions nettes et péremptoires s'il en fut; car chaque propriétaire s'engage à ne vendre ses eaux-de-vie qu'avec la garantie écrite et signée qu'elles ne sont *adultérées par aucun mélange d'alcool,* et qu'elles sont entièrement faites *avec les vins purs du pays.* — Toutes choses *affirmées sur l'honneur et sous toutes garanties de droit.* — De nombreuses signatures ont adhéré ; le tribunal de commerce de Cognac a bien voulu s'associer à ce mouvement, et l'engagement des grands négociants de Cognac, sollicité et obtenu déjà en partie par une commission spéciale, de n'acheter que les produits des propriétaires qui ont signé l'engagement précité, portera, quand il sera unanime, le dernier coup à la fraude,

Des mesures législatives d'une grande importance sont venues, il est juste de le dire, en aide au commerce honnête. On eût pu désirer peut-être plus de clarté, plus de précision à la loi *sur les marques de fabriques et de commerce*, devenue exécutoire depuis le 1er janvier dernier ; mais, telle qu'elle est, elle suffit pour atteindre les fraudeurs et les punir sévèrement, car les pénalités vont jusqu'à 3,000 fr. d'amende et trois ans de prison. — Les magistrats chargés de son exécution ont mis un zèle extrême à prescrire son application rigoureuse chaque fois que l'occassion s'en est présentée, et ces dispositions protectrices ont fait déjà une salutaire impression. Nous ne doutons pas, du reste, que, si des mesures complémentaires paraissent nécessaires, elles ne soient bientôt prises.

Il y a peu de temps qu'une pétition des propriétaires et des commerçants des deux Charentes demandait au gouvernement une disposition législative obligeant tout expéditeur de spiritueux à désigner le nom du destinataire, ainsi qu'une mesure administrative qui en serait le complément, la publicité des registres des contributions indirectes. On supprimerait le congé créé pour faciliter la circulation, mais qui a dégénéré en abus, disent les pétitionnaires, et dont la suppression n'entraînerait aucun inconvénient. « Le mérite de ce produit, ajoutent-ils, en parlant des eaux-de-vie de Cognac, est dans sa pureté; il est souillé jusque dans le sein de sa production par des mélanges impurs qui le dénaturent et le déshonorent ; il est adultéré d'alcool de grains de toutes sortes et vendu pourtant pour du cognac à l'étranger, justement indigné et à la face impuissante de la chimie. La production honnête écrasée ne peut lutter contre les succès de la fraude. Le cognac vrai, cette liqueur naguère recherchée sur tous les points du globe, à l'éternel honneur de la France, n'existera bientôt que de nom, si l'on n'apporte à ce déplorable état de choses un prompt remède. »

Tant d'efforts énergiques, tant de mesures salutaires, produiront leur effet, nous n'en doutons pas ; mais c'est surtout des résolutions vigoureuses que nous espérons du haut commerce de Cognac que nous attendons le succès. — Déjà il a suspendu rigoureusement tous ses achats, et il a résolu de ne les reprendre que lorsque la production sera délivrée de cette lèpre honteuse qui tendait à la déshonorer : les propriétaires ont applaudi à cette réserve ; mais aujourd'hui ils demandent plus encore, et ils obtiendront qu'à l'unanimité le commerce de Cognac décide qu'il n'achètera que les eaux-de-vie de ceux qui se seront engagés *sur l'honneur et sous toutes les garanties de droit à ne pas les frauder.*

Cette sorte de suspension momentanée des affaires n'a rien qui inquiète les intéressés. Propriétaires et négociants ont la conscience de la nécessité de leurs produits, que rien ne remplacera jamais sur certains marchés ; s'ils attendent, ils n'en vendront que mieux plus tard, et la richesse des uns, l'aisance des autres, leur permettent ce sacrifice passager et d'autant plus opportun que ces mêmes marchés sont ceux qui sont le plus fortement atteints, en ce moment, par une crise financière terrible qui bouleverse toutes leurs habitudes et diminue considérablement les demandes.

Laisser passer l'orage en Angleterre et en Amérique ; se concerter pour qu'une application sévère de la nouvelle loi soit mise en usage sur le marché de Cognac ; suspendre toute opération de commerce jusqu'à ce que négociants et propriétaires aient pris l'engagement réciproque de n'acheter et de ne livrer que des produits purs : tel est le programme adopté à l'heure qu'il est, entièrement, nous l'espérons, et qui replacera les eaux-de-vie de Cognac à la hauteur dont la fraude avait réussi un instant à les faire descendre.

E. DE DAMPIERRE.

Cet article émut M. le secrétaire perpétuel de la Société centrale d'agriculture, mon but était atteint. L'article avait paru le 20 janvier, la commission nommée dix mois auparavant fut invitée à se réunir le 27 janvier pour la première fois et la note suivante fut adressée par M. Payen, au *Journal d'Agriculture pratique :*

Note en réponse aux observations de M. le marquis de Dampierre.

Tous ceux qui s'occupent de recherches expérimentales et s'efforcent d'extraire de leurs résultats des notions utiles au public, doivent s'attendre à voir souvent leurs assertions mal comprises, les faits contestés ou leurs conséquences mises en doute.

Parfois même il arrive qu'un contradicteur, nous prêtant une opinion opposée à celle que nous avons émise, se donne le facile avantage de nous combattre avec succès.

Telle est précisément la position prise par M. de Dampierre, dans la communication à laquelle je fais allusion, et qui se trouve insérée dans le dernier numéro du *Journal d'Agriculture pratique.*

Très-généralement je laisse à la libre discussion, à l'expérience des autres, de faire connaître la vérité; mais, dans cette circonstance tout exceptionnelle, je ne puis laisser croire un seul instant que j'aurais, en quelque occasion que ce fût, prêté la moindre assistance à des sophistications plus ou moins déguisées; je ne puis laisser travestir à ce point le rôle que, depuis longues années, j'accomplis à mes risques et périls, de dévoiler les falsifications, surtout lorsqu'elles s'appliquent aux substances alimentaires. Comment donc M. de Dampierre a-t-il pu supposer qu'il en fût autrement dans nos cours? On voit bien qu'il ne m'a pas fait l'honneur d'y assister; il aurait su avec quel soin je décris les moyens dont la science dispose pour déceler les fraudes, et je cite les hommes honorables qui apportent leur utile concours à ces investigations; il aurait entendu les regrets que j'exprime lorsque les procédés analytiques connus ne permettent pas une appréciation exacte ou complète à cet égard.

Quant au produit spécial qui intéresse les producteurs des bonnes eaux-de-vie de France, et, très-particulièrement à ce titre, M. de Dampierre lui-même, mon opinion, maintes fois exprimée, ne saurait être supposée un instant incertaine, elle est diamétralement opposée à celle que me prête M. de Dampierre; on la trouve nettement formulée dans mon *Traité complet de la distillation*. ouvrage que vous avez eu, monsieur le directeur, la bonté de définir avec une extrême indulgence dans le dernier numéro de votre excellent journal. Si je viens vous demander la permission d'en citer trois courts extraits, c'est que non-seulement ils répondent d'une manière catégorique aux assertions de M. de Dampierre, à mon égard, mais encore ils me permettront de le convaincre que ses reproches relatifs à une sorte de refus de lui faire connaître le moyen de constater les mélanges de divers alcools dans les eaux-de-vie de la Charente, ne sont pas mieux fondés.

« On distingue trois sortes de vins soumises à la distillation qui, chacune, nécessitent un mode spécial de traitement que nous indiquerons après avoir défini ces sortes différentes de vins à distiller. Dans la première catégorie se trouvent ceux qui sont destinés à la fabrication des eaux-de-vie potables, de celles, en particulier, dont l'arome agréable, dépendant des cépages, du sol, de l'exposition, des soins à la vinification, de la méthode de distillation, d'embarillage et de conservation, est la base sur laquelle repose leur valeur vénale élevée.

« Ces vins, qui donnent les eaux-de-vie de France les plus estimées en tous pays, recevront probablement toujours cette destination; car elle leur donne le maximum de valeur, et les produits analogues de diverses autres contrées ni même de la plupart des localités voisines, ne sauraient leur opposer une sérieuse concurrence. Durant les années de pénurie dans les récoltes de ces crus estimés, on emploie souvent les alcools de diverses provenances parfaitement rectifiés et dépouillés de toute odeur étrangère pour les mélanger aux eaux-de-vie des bons crus et combler le déficit, en réalisant de grands bénéfices, sans que le consommateur s'en aperçoive toujours. C'est là cependant une fraude préjudiciable surtout aux négociants qui, en achetant très-cher les eaux-de-vie des premiers crus, comptent sur un excès d'arome qui leur aurait permis de faire eux-mêmes des coupages avec les alcools bien rectifiés qu'ils se procurent à des prix comparativement plus élevés.

« S'il est facile de se rendre compte des proportions d'alcool contenues dans un vin à distiller, ou dans un vin de table dont on veut apprécier la force, il est au contraire très-difficile de déterminer *à priori* la qualité des eaux-de-vie et même de l'esprit fin bon goût ; par conséquent, la valeur du produit qu'on en peut obtenir, c'est que cette valeur repose en grande partie, relativement aux eaux-de-vie de table, sur l'arome et la saveur, et que ces qualités sont jusqu'ici appréciables seulement par les organes spécialement exercés à la dégustation ; c'est, enfin, que l'on n'a pu trouver encore des procédés d'ustensiles ou d'appareils de nature à en donner une mesure quelconque.

« Il faut donc, à cet égard, se contenter des notions acquises sur les crus, les procédés distillatoires qui donnent les meilleurs résultats à la dégustation.

« Pour donner une idée de la valeur résultant de l'arome des eaux-de-vie, il nous suffira de comparer leur cours actuel avec celui des alcools ordinaires. L'eau-de-vie dite *de Champagne*, de l'année 1852, à 59°, vaut 480 fr. l'hectolitre,

L'eau-de-vie de l'année		1856 vaut. . . .	388 fr.
—	dite des bois,	1852.	420
—	—	1856.	348

Tandis que l'alcool 3/6 de vin (Béziers) se vend 215 fr., et l'alcool de 90° à 94° de betteaves 110 à 114 fr. Ce dernier, proportionnellement à son degré alcoolique, se vend donc six fois moins cher que le premier. »

A la lecture des passages ci-dessus extraits textuellement de mon livre, il était évident que je considérais comme une fraude les mélanges des alcools de diverses origines avec les bonnes eaux-de-vie de vin, et que j'avais signalé le préjudice qu'en éprouvaient les négociants, lors même qu'ils ne pouvaient reconnaître entre ces produits de différence à la dégustation ; que j'avais établi, par la comparaison des cours commerciaux, l'influence prépondérante de l'arome des eaux-de-vie de Cognac, sur la richesse alcoolique, dans la fixation de la valeur vénale ; qu'enfin j'avais déclaré que la science, dans son état actuel, n'était pas en mesure d'apprécier la valeur des eaux-de-vie sous ce rapport, ni de déterminer leurs mélanges avec l'alcool pur.

Tel était aussi l'état de nos connaissances, lorsque M. de Dampierre crut devoir s'adresser à la Société impériale et centrale d'agriculture, pour lui demander le moyen de constater les mélanges qui pouvaient compromettre la réputation des eaux-de-vie de la Charente, et nuire aux intérêts des propriétaires de ces vignobles.

La Société aurait pu se borner à lui faire connaître l'état de la science ; elle a voulu essayer de faire davantage en sa faveur, et, afin de poursuivre dans toutes les directions sa mission de progrès, elle a chargé sa section des sciences physico-chimiques agricoles d'approfondir la question ardue qui lui était soumise. Le membre de la section, plus spécialement chargé d'instituer les premières expériences, ne tarda pas à s'en occuper, et s'aperçut bientôt que les renseignements fournis par M. de Dampierre sur l'état et l'origine de ses échantillons, étaient insuffisants ; que pour appliquer les analyses à des produits bien déterminés, il fallait connaître les bases mêmes de leur préparation dans le pays, et dont j'ai cherché, dans mon *Traité de la distillation*, à montrer les influences : nature des cépages, procédés de vinification et appareils distillatoires : car les aromes dépendent à la fois des principes immédiats variables avec les terrains, les plants, les expositions, des effets de la fermentation et des produits pyrogénés pendant la distillation. Les échantillons envoyés, provenant d'ailleurs de fabrication récente, étaient incolores ; il fallait pouvoir tenir compte de l'affaiblissement du degré alcoolique et des effets de la coloration spontanée par le chêne des tonneaux, ou par le caramel ajouté quelquefois au moment de livrer les eaux-de-vie à la consommation. Ces questions, sur des faits à mieux préciser, et sur les habitudes locales, ont fait l'objet de lettres et réponses nombreuses qui auraient dû montrer à M. de Dampierre la difficulté du problème et l'intérêt actif qu'il avait inspiré à la Société centrale.

En ce moment même, où nous attendons encore une réponse et des échantillons demandés dernièrement à M. de Dampierre, la section des sciences physico-chimiques va se réunir pour étudier l'analyse des eaux-de-vie soumises à son examen et décider ce qui devra être fait ultérieurement.

Il ne faudrait pas toutefois en conclure que la question difficile et complexe dont il s'agit sera résolue dans un temps limité.

Sans doute, il peut être licite de faire des coupages d'eaux-de-vie, si cela convient au vendeur et à l'acheteur ; mais, pour rendre le commerce loyal, il faut que la nature et les proportions soient indiquées.

J'ajouterai, d'ailleurs, qu'en réservant un type des eaux-de-vie mélangées, il deviendrait probablement possible alors de vérifier les indications du vendeur.

En un mot, le meilleur moyen, en thèse générale, d'éviter tout reproche de fraude ou de falsification, consiste dans l'indication en acte de la nature et de la qualité de la chose vendue.

PAYEN,

Membre de l'Académie des sciences, secrétaire perpétuel de la Société impériale et centrale d'Agriculture.

Voici ma réponse.

A Monsieur le rédacteur en chef du *Journal d'Agriculture pratique*.

Monsieur,

Les conclusions de la note par laquelle M. Payen me fait l'honneur de répondre à mon article sur les eaux-de-vie de Cognac me causent une si vive satisfaction et elles sont d'une telle importance dans l'état actuel de la question, que je serais presque tenté de subir en silence des reproches qui ont quelque gravité, de sa part. Toute réflexion faite, cependant, il vaut mieux, je crois, si je me suis trompé sur les opinions de M. Payen, que je dise les circonstances qui ont dû m'induire moi-même en erreur, peut-être alors me trouvera-t-on plus excusable.

C'est le 4 mars 1857 que je saisis la Société centrale d'agriculture de la question des fraudes commises dans les deux Charentes. Le 25 du même mois un cours de M. Payen, sur les distilleries agricoles, fut annoncé au *Cercle des chemins de fer;* je m'empressai d'y assister, et je fus péniblement frappé de l'entendre là indiquer comme un débouché naturel pour les alcools de betteraves et de grains leur mélange avec les eaux-de-vie de Cognac et faire ressortir l'importance de ce débouché..... pas un mot de blâme, pas un mot qui pût faire pressentir les opinions réprobatrices de M. Payen ne fut prononcé, je puis l'affirmer.

Ma mémoire ne peut mal me servir, car dès le lendemain, sachant quelle était la juste influence de M. Payen dans le sein de la Société centrale d'agriculture, ému de rencontrer en lui un si redoutable adversaire, je vous écrivis, monsieur, ce que je venais d'entendre et j'en allai informer le président actuel de la Société centrale d'agriculture, l'illustre M. Chevreul, qui avait bien voulu, comme vous, accueillir avec un intérêt particulier ma communication dans la séance du 4 mars 1857.

Je ne me trompais certes pas, monsieur, sur le degré d'influence et d'autorité que devait avoir M. Payen en sa double qualité de chimiste éminent et de secrétaire perpétuel de la Société centrale; car il a cru devoir pendant onze mois, il le dit lui-même, se livrer seul à toutes les expériences, étudier seul la question soumise à une commission composée de deux sections de la Société, c'est-à-dire de douze membres; il a pensé qu'il devait seul assumer toutes les fatigues de ce travail, résoudre toutes les difficultés et dans la première séance de la commission qui a eu lieu le 27 janvier dernier, se borner, sans doute, à demander l'approbation de ses conclusions. J'ignore si tel a été le sentiment de la commission, si c'est ainsi qu'elle avait compris sa mission; mais je ne pense pas que telle, au moins, eût été l'intention primitive de la Société centrale. Ce que j'entends prouver, d'ailleurs, seulement, c'est que je ne m'étais pas trompé sur la portée que devait avoir l'opinion personnelle de M. Payen.

Un seul mot sur un autre fait : je suis sensible, je l'avoue, au reproche que semble me faire M. Payen de ne mettre ni empressement, ni exactitude, à répondre aux demandes de renseignements et d'échantillons qui me sont faites par lui; il dit : « En ce moment même où nous attendons encore une réponse et des échantillons demandés « dernièrement à M. de Dampierre, la section, etc. »

Que vos lecteurs apprécient la justice de ce blâme indirect.

C'est le 20 janvier qu'a paru mon article dans le *Journal d'agriculture pratique*. Or, c'est par une lettre du 21 janvier, reçue le 22, que M. Payen me demande de nouveaux renseignements sur l'influence qu'exerce sur le goût des eaux-de-vie la matière colorante que renferme le chêne avec lequel les tonneaux sont fabriqués, et qu'il me prie de faire venir de Saintonge des échantillons du bois en usage pour cette destination. Ma réponse à M. le secrétaire perpétuel est datée du 25 janvier. Si elle n'est pas arrivée le jour même où il m'adressait la demande, du moins lui est-elle parvenue avant la première réunion de la commission qui avait lieu le 27, et la patience de M. le secrétaire perpétuel n'a-t-elle pas été mise à une longue épreuve.

Mais tout cela est de peu d'importance ; ce qui en a une fort grande à mes yeux, ce sont les termes de la note de M. Payen bien autrement explicites (qu'on me permette de le remarquer), que les indulgentes constatations des lignes qu'il cite de son livre. — Il y a là des nuances d'appréciation fort distinctes ; il me semble que l'esprit de M. Payen n'a pas heureusement échappé à cet ensemble d'influences qui ont amené et la vive agitation qui s'est produite dans les deux Charentes et la loi sur les marques de fabrique. Personne n'ignore que M. Payen s'est appliqué à dévoiler, avec le talent d'investigation qui le distingue, les falsifications dont les substances alimentaires sont l'objet; mais il n'avait peut-être pas toujours été aussi formellement qu'aujourd'hui de l'opinion que le mélange des alcools du Nord aux eaux-de-vie de Cognac, aussi bien que leur redistillation avec des vins des deux Charentes, constituaient une altération complète de nos produits. — C'est pour moi un vif sujet de satisfaction que d'avoir provoqué des explications qui ne peuvent plus laisser un doute sur les opinions de M. Payen, je le reconnais avec un grand empressement.

Qu'il soit bien compris, encore une fois, que nous n'entendons pas décrier les alcools de betteraves, de grains, de topinambours ou de sorgho ; que nous comprenons très-bien que des eaux-de-vie, ayant pour base ces produits, soient admises dans les usages du commerce ; mais ce que nous voulons d'une volonté si énergique qu'elle obtiendra satisfaction ; ce que nous voulons avec une justice si évidente que nul ne la contestera ; ce que nous voulons, *au nom de la loi*, c'est que chaque chose s'appelle par son nom et que personne ne puisse usurper celui de nos eaux-de-vie de Cognac.

Recevez, monsieur, etc.

L. DE DAMPIERRE.

Pendant cette discussion, la commission de la Société centrale d'agriculture avait examiné la question, et dans sa séance du 17 mars, M. Payen, son secrétaire perpétuel et rapporteur, donna lecture du rapport suivant :

Rapport sur les essais et le commerce des eaux-de-vie de Cognac, au nom d'une commission spéciale composée de MM. CHEVREUL, BECQUEREL, BOUSSINGAULT, DUMAS, BARRAL, MOLL, POMMIER, MONNY DE MORNAY, DUPIN, LÉONCE DELAVERGNE, PASSY; et PAYEN, *rapporteur.*

Un de nos honorables correspondants de la Charente-Inférieure, propriétaire de vignobles dans ce département, M. le marquis de Dampierre, s'est adressé à la Société centrale dans des circonstances qui préoccupent vivement les producteurs des eaux-de-vie de la Saintonge.

M. de Dampierre expose ainsi ce qu'il attend de notre concours en cette occasion, et de notre sollicitude pour les intérêts agricoles de la France :

« La Société centrale d'agriculture m'a fait l'honneur de me nommer un de ses membres correspondants pour le département de la Charente-Inférieure; dernièrement encore, elle exprimait, par l'organe de son secrétaire perpétuel, le désir d'être tenue au courant des questions qui intéressent spécialement les pays auxquels appartiennent ses correspondants; je crois donc de mon devoir d'appeler son attention sur une discussion qui se rattache à la prospérité d'une de nos productions agricoles les plus importantes et à l'honneur du commerce des départements de la Charente et de la Charente-Inférieure.

« Cette discussion, soulevée par une publication agricole et à laquelle j'ai été entraîné à prendre part, n'est, du reste, que le tardif écho de préoccupations et de luttes qui datent de plusieurs années et mettent la Saintonge et l'Angoumois dans une situation digne d'appeler l'attention des maîtres de la science qui siégent dans le sein de la Société centrale d'agriculture. Il appartient à la chimie de nous donner des moyens certains de constater et, par là, d'empêcher les falsifications diverses dont cette science elle-même, par d'ingénieuses et récentes découvertes, a multiplié le danger. Rien ne me paraît donc plus opportun que de réclamer, dans le sein de la Société centrale d'agriculture, une étude approfondie de tous les faits qui se rapportent à la production et au commerce des eaux-de-vie de Saintonge et d'Angoumois connues sous le nom d'eaux-de vie de Cognac. »

Plus loin M. de Dampierre ajoute : « Les deux départements de la Charente et de la Charente-Inférieure renferment plus de 200,000 hectares de vignes, dont le produit peut être évalué en chiffres ronds à 3,600,000 hectolitres et porté, sans exagération, à 75 *millions* de valeur. Les cinq sixièmes environ de ces vins sont convertis en eau-de-vie ; c'est donc une valeur au moins de 60 *millions*, qui s'augmente ensuite des frais et des bénéfices du commerce, que les deux départements de la Charente et de la Charente-Inférieure sont appelés à fournir. Le prix de ces eaux-de-vie est incomparablement plus élevé que celui des autres eaux-de-vie du Midi.

« La fraude devait s'introduire dans un commerce aussi prospère, et on a tenté, avec succès, d'augmenter les bénéfices en mélangeant ces eaux-de-vie si recherchées à des alcools d'un prix beaucoup moins élevé. Ces mélanges ont été possibles par plusieurs raisons : nos eaux-de-vie, en général, s'enlèvent aussitôt qu'elles sont fabriquées et dans les premiers temps, si les mélanges sont faits avec prudence et habileté, il est impossible d'en reconnaître au goût la moindre trace : ce n'est qu'au bout d'un certain temps que l'arome particulier à l'eau-de-vie de Saintonge ressort avec énergie dans l'eau-de-vie pure et apporte une notable différence pour des palais exercés entre les diverses qualités de ses crus. D'un autre côté, quand les dégustateurs ont essayé une certaine quantité d'eau-de-vie, ce qui a lieu au moment des grands achats, leur goût s'émousse et ne peut plus saisir les différences qui caractérisent les diverses qualités. On comprend ainsi que les dégustateurs les plus habiles sont quelquefois mis en défaut par des mélanges bien faits, obligés qu'ils sont d'acheter des eaux-de-vie au sortir de l'alambic, avant que leur goût ne soit développé et avant que la concurrence n'ait tout enlevé. »

La Société d'agriculture, tout en exprimant sa sympathie pour la cause importante que M. de Dampierre veut défendre, aurait pu répondre immédiatement qu'en l'état actuel de la science les moyens de découvrir les mélanges entre les eaux-de-vie de Cognac et les alcools complétement rectifiés provenant de la distillation des grains, du riz ou des betteraves, sont loin d'aller au delà des données auxquelles les dégustateurs peuvent, à bon droit, prétendre, mais que M. de Dampierre trouve insuffisantes en certains cas. L'analyse chimique n'est pas encore en mesure de fournir des résultats aussi directement applicables.

Mais, d'une part, la Société, considérant que la question est à la fois du domaine de la chimie et de la science de l'économie agricole et commerciale, a voulu l'examiner sous ses deux faces, et l'a soumise à une commission formée des sections réunies des sciences physico-chimiques et d'économie, statistique et législation agricoles.

Des expériences de laboratoire ont été d'abord instituées sur les échantillons reçus de M. de Dampierre, en même temps que de nouveaux renseignements sur des faits pratiques étaient successivement demandés à notre honorable correspondant.

Les résultats d'essais déjà nombreux et qui se continuent nous ont appris qu'en traitant séparément les eaux-de-vie pures de trois provenances de la Saintonge et les mélanges précités, suivant une méthode de distillation au bain-marie d'eau, fractionnée à des températures graduellement croissantes, on pourrait obtenir des produits plus caractérisés que chacun des échantillons à l'état normal.

Que ces caractères différentiels pouvaient être développés par l'addition, dans le liquide résidu, soit d'acide sulfurique concentré qui exalte l'odeur ; soit d'une solution forte de potasse à 40°, qui modifie et forme la couleur ; soit enfin de quelques gouttes d'ammoniaque qui, sous l'influence de l'air, rendent plus tranchées les nuances distinctes de la coloration promptement acquise. Déjà nous serions en mesure de distinguer les eaux-de-vie normales, telles que nous les avons reçues, des eaux-de-vie mélangées dont M. de Dampierre nous avait également envoyé plusieurs échantillons.

C'était un pas fait déjà ; mais, avant de regarder cette première conclusion comme définitive, il aurait fallu répéter les expériences sur des échantillons provenant d'autres localités de la Saintonge et sur des mélanges avec des eaux-de-vie de grains, de riz et de betteraves d'autres provenances : car les propriétés des eaux-de-vie de vin dépendent de diverses causes et se modifient suivant les cépages, les sols, les expositions, les circonstances particulières de la fermentation et de la distillation. D'un autre côté, l'état de rectification plus ou moins avancée des alcools destinés aux mélanges influe aussi sur les résultats des essais.

La question est évidemment plus complexe encore, car nous n'avons agi que sur des eaux-de-vie blanches et récentes, et il y aurait lieu de rechercher les réactions qui se manifesteraient en appliquant les mêmes procédés aux eaux-de-vie pures et mélangées, plus anciennement fabriquées, colorées spontanément sous l'influence de l'air et des principes immédiats abandonnés à ces liquides par le bois de chêne des tonneaux, ou artificiellement produites à l'aide du caramel de sucre ajouté parfois aux eaux-de-vie normales comme aux eaux-de-vie mélangées, en vue de donner à toutes la teinte exigée en beaucoup de lieux par les consommateurs.

Nous nous proposons de poursuivre des recherches dans cette voie, et il nous semble probable que les résultats auraient une signification plus nette, s'il était possible ou plutôt s'il n'était trop dispendieux d'agir sur des volumes liquides assez grands pour mieux étudier les propriétés des produits intermédiaires et des résidus les plus odorants de la distillation ; s'il était possible, en un mot, d'obtenir ou d'isoler certaines *huiles essentielles* qui caractérisent les matières premières employées par les distillateurs.

On voit quel vaste champ d'expériences s'offre à nous, on comprend aussi qu'il faudrait trop longtemps attendre, si nous ne devions soumettre notre avis à la Société qu'après avoir épuisé ces difficiles investigations.

Votre commission, en attendant qu'elle puisse faire connaître des résultats plus précis de ses expériences et les détails des procédés suivis, a donc cru convenable d'examiner l'autre face bien moins complexe de la question.

Elle s'est demandé s'il ne serait pas possible, facile même de la résoudre en attachant à chaque expédition des eaux-de-vie la garantie du nom du propriétaire ou du fabricant et de la localité.

En un mot, l'utilité de la marque de fabrique nous est apparue évidente dans ce cas. Elle nous semble de nature à répondre mieux que toute autre disposition, dans l'état actuel des choses, aux justes appréciations de M. de Dampierre. Cette mesure viendrait en aide aux recherches qui se baseraient ultérieurement sur les expériences chimiques et physiques, car des échantillons saisis, ayant une origine certaine, soumis à des moyens mieux assurés que la science aurait découverts, pourraient alors fournir à la justice des lumières nouvelles qui décèleraient la fraude ou manifesteraient l'erreur de l'accusation.

Et l'on comprendrait mieux, alors, qu'il fût licite de perfectionner et de vendre toutes les eaux-de-vie potables exemptes de cause particulière d'insalubrité, dont l'origine serait certaine, la réputation commerciale loyalement établie et la valeur vénale librement débattue entre l'acheteur et le vendeur.

Nous proposons à la Société de remercier M. de Dampierre de son intéressante et utile communication.

Conformément aux conclusions de M. le rapporteur, la Société centrale a bien voulu me voter des remerciements.

Mais le rapport officiel n'avait pas mis fin au débat particulier. J'avais dit ce que j'avais entendu dans *un cours* de M. Payen au Cercle des chemins de fer; j'avais précisé ma première allégation; l'éminent chimiste n'a pas voulu rester sous le coup de mon inculpation, et je dois ici consigner loyalement la réponse de M. Payen à ma lettre du 20 février, au risque de faire douter de la finesse de mes oreilles ou de la clarté de mon intelligence; au risque de faire croire qu'une trop vive préoccupation trouble mon cerveau au point qu'il a vu noir ce qui était blanc.

Voici la lettre de M. Payen à M. Barral, rédacteur en chef du *Journal d'agriculture pratique* :

Mon cher collègue,

Malgré mon extrême répugnance pour toute polémique, je ne puis permettre cependant que l'on me prête des paroles que je n'ai point prononcées, ni que l'on me suppose une opinion que je n'ai pas émise.

M. de Dampierre, dans son premier article, m'attribuait des principes que j'aurais professés dans mes cours. Sur ma réclamation, il a bien voulu préciser, en la modifiant, son assertion : ce n'est plus dans un cours, mais dans une conférence au Cercle des chemins de fer, que j'aurais préconisé le mélange des alcools de grains et de betteraves avec les eaux-de-vie de Cognac.

Malgré la modification notable quant au lieu, je ne puis davantage accepter l'assertion de M. de Dampierre.

Dans sa vive et constante préoccupation, n'ayant pas bien entendu sans doute mes paroles, il leur a donné une interprétation qu'elles ne comportaient pas.

Je déclare que je n'ai pas recommandé ni indiqué comme un débouché naturel des alcools de grains et de betteraves, leur mélange avec les eaux-de-vie de Cognac, pas plus dans une conférence qu'au sein de la Société d'agriculture, ou dans mes cours publics, ou dans mes publications.

Ce que j'ai annoncé comme une chance de débouché pour les alcools complétement rectifiés de différentes origines, et sauf vérification par l'expérience de ce projet qui ne m'appartient pas, c'est l'application proposée de l'alcool au lieu de sucre, pour préparer, avec les raisins foulés, et après le soutirage, pour préparer, dis-je, une boisson spéciale qui probablement vaudrait mieux que la plupart des boissons composées suivant des formules très-nombreuses, depuis l'amoindrissement des produits de nos vignobles.

Et, lors même que cette boisson se rapprocherait, par plusieurs caractères, du vin véritable, il ne devrait pas être permis de la vendre pour du vin naturel.

On ne m'a jamais entendu indiquer comme licite ou recommander un mélange ayant pour effet d'attribuer à l'ensemble les propriétés et la valeur du produit naturel le plus estimé.

Partout et toujours j'ai insisté :

1° Pour que chaque chose fût vendue isolément sous son nom véritable, ou du moins avec l'indication exacte de sa nature ou de sa composition ;

2° Pour qu'une indication d'origine ou bien une marque certaine pût offrir toute garantie au public en faisant remonter à qui de droit la responsabilité d'un mélange frauduleux.

En vous priant, mon cher collègue, d'insérer cette nouvelle réclamation, je n'ai pas besoin d'ajouter que tout cela ne m'empêchera pas de continuer à faire des efforts pour venir en aide au résultat que s'est proposé M. de Dampierre; je serais empressé d'applaudir aux efforts plus heureux d'un expérimentateur plus habile qui parviendrait, avant nous, à résoudre le problème.

Veuillez agréer, etc.

PAYEN.

Conclusion : j'arrive au terme de cette discussion qui a duré 16 mois, et au bout de ce temps je découvre que tout le monde est de mon avis; que je n'ai jamais eu d'adversaires devant moi; que tout au moins il ne m'en reste plus un seul. — Que Dieu soit loué! — Mais je me trompe, il en est un, un seul, le plus ancien, le plus convaincu et dont j'honore la conviction courageuse, c'est M. Sanson, qui persiste à croire et qui affirme que « l'addition de l'alcool « aux vins avant leur distillation, dans des proportions ra- « tionnelles, n'amoindrit pas sensiblement la qualité de « l'eau-de-vie. » — D'autres croient et affirment le contraire, et je suis de ce nombre; mais ce n'est pas sur un point d'une appréciation si difficile que j'ai jamais voulu faire porter le débat; j'ai choisi un meilleur terrain, celui de l'honnêteté commerciale et je répondrai, je ne cesserai de répondre à M. Sanson ce que j'écrivais à M. Payen :

« *Qu'il soit bien compris encore une fois, que nous n'entendons pas décrier les alcools de betterave, de grains, de topinambours ou de sorgho ; que nous comprenons bien que des eaux-de-vie ayant pour base ces produits, soient admises dans les usages du commerce ; mais ce que nous voulons d'une volonté si énergique qu'elle obtiendra satisfaction; ce que nous voulons avec une justice si évidente que nul ne la contestera; ce que nous voulons* AU NOM DE LA LOI, *c'est que chaque chose s'appelle par son nom et que personne ne puisse usurper celui de nos eaux-de-vie de Cognac.*

www.ingramcontent.com/pod-product-compliance
Ingram Content Group UK Ltd.
Pitfield, Milton Keynes, MK11 3LW, UK
UKHW021650260726
13994UKWH00003B/1394

9 782329 370903